Deepen Your Mind

推薦語

在數位化轉型過程中，企業可以充分利用內部系統所累積的大量資料，制定標準來進行資料治理，並應用帆軟 BI 產品對不同維度的資料進行分析，用資料驅動企業的營運，提升使用者體驗和進行業務創新，贏得競爭優勢。本書集 BI 專案建設方案和實踐於一體，為企業採擷資料價值、進行業務創新提供了有益參考。

雷萬雲

資深企業雲端運算專家

本書從 BI 專案切入，說明了 BI 對企業數位化轉型的價值，對想從事資料治理和資料分析的人來說，是一本非常實用的案頭書。透過 BI 專案讓管理層看到資料的價值，不僅能幫助企業提高競爭力，也是企業內的資料從業人員個人快速成長的捷徑！

羅豔兵

弘陽集團有限公司助理總裁、全國房地產企業 CIO 聯盟秘書長

資料是數位經濟的「新能源」，「讓資料成為新的生產力」是企業數位化轉型的核心目標。透過對資料的擷取、儲存、分析和採擷，來實現對資源的最佳化設定和再利用，完成由經驗驅動向由資料驅動的管理模式升級，已成為企業的重要戰略目標，而 BI 就是達成這一目標的重要工具。本書從理論出發，配以案例解析，完整地描述了 BI 專案的規劃、實施及營運過程，不失為企業進行數位化建設的「良師益友」。

趙宇乾

大連光洋科技集團副總裁

當雲端運算、物聯網、行動網際網路、巨量資料、人工智慧等新技術大行其道之時，人們很容易忽視廣大中小企業、傳統企業、製造企業剛剛完成或正在進行資訊化建設，這才是現實和基本面。所以，對企業的管理者而言，紮紮實實做好 BI 專案，不僅是一筆「性價比」很高的投資，也是擁抱新技術的「入場券」。

胡盛行
中國商飛資料管理總師

工欲善其事，必先利其器，BI 工具的出現和深入運用在企業管理中的地位不亞於核彈在現代戰爭中的地位。BI 工具為企業提供了強大的視覺化能力，將企業營運管理中的資料以各種易讀的形式展現出來，輔助管理者監控流程、分析資料、執行操作和進行戰略決策。尤其是管理駕駛艙，一圖勝千言，關鍵資訊一覽無餘，真正實現了決策者「運籌帷幄之中，決勝千里之外」。我們是先對帆軟工具有了深度應用，實現了集團層面的管理駕駛艙，然後才讀到本書。如果本書能早點出版，相信我們必能事半功倍，少走冤枉路。

吳大為
無錫商業大廈集團 CIO

資料已經成為企業的第一生產力。資料價值的釋放，離不開 BI 工具。BI 產品不是簡單的資料視覺化工具，企業還能利用這些產品來開發 BI 專案，用資料呈現業務，再用業務語言和管理的 KPI 描述企業資源的全貌，使企業的經營細節結構化、決策資料化，最終驅動企業資源流向最需要它們的生產線。以上也是本書的核心思想。書中還提供了不少案例，推薦大家閱讀。

王歆

滔搏國際控股 CIO

當前諸多傳統企業的數位化轉型探索步入關鍵期——在 BI 專案將業務與流程的資料融合之後，如何打造由資料驅動的卓越營運系統成為一個亟待突破的挑戰。本書從 BI 專案的營運、應用場景、人才培養三個方面列出了很好的指引，值得閱讀。

耿峰

中集青島冷藏產業基地信息中心主任

青島 CIO 聯盟秘書長

在資料價值日益彰顯的今天，BI 可以說是推動傳統製造企業數位化轉型的利器。本書從 BI 專案入手，涵蓋建設流程、營運技巧和實踐案例等方面的內容，相信能為廣大企業的 BI 專案建設和數位化轉型提供有用的參考。

吳忠源

東北製藥集團股份有限公司信息管理中心主任

企業實施 BI 專案，往往短期上線易而長期營運難，缺少關於 BI 專案實施和營運的系統性行動指南是原因之一。本書的出版如雪中送炭，從方法到案例，本書深入淺出地闡明了 BI 專案建設中必須關注的所有核心問題，可以作為企業數位化從業者的工具書。

熊衍

江蘇洋河酒廠股份有限公司大數據負責人

在數位時代，所有產業都有重做一遍的可能！資料成為關鍵生產要素，運用商業智慧（BI）從資料中採擷出有價值的資訊，為企業的決策與管理提供支持，成為企業數位化轉型成功的關鍵。企業運用 BI 技術分析資料，需要在科學的方法論指導下進行，還要總結許多商業實踐並加以完善。本書正是作者在總結不同產業大量 BI 專案實踐後形成的較為完整的方法論，對於企業的 BI 專案建設具有極高的參考價值，可以幫助企業「少走冤枉路，少踩坑」，加快數位化進程。

萬寧

鈦媒體集團聯合創始人、首席研究官

ITValue 社區發起理事

本書對 BI 理論、技術、價值和應用等做了詳細介紹，既有對知識系統的總結，也有對實踐案例的分享，值得相關管理人員和 BI 專業人員研讀。

姚樂

CIO 時代學院院長

中國新一代 IT 產業推進聯盟秘書長、北大 CIO 班創辦人

企業上 BI 專案的目的不是把資料簡單地圖表化或報表化，而是要將 BI 工具和業務深度結合，最終運用到企業營運中，產生管理價值。這本介紹企業 BI 專案的書，不僅是 IT 部門的讀物，也值得所有資料分析師、產品設計師、營運管理者閱讀。

黃成明

資料化管理諮詢顧問、教育訓練師

《資料化管理》作者

用了 BI 工具不等於 BI 專案就一定能成功，BI 專案的實施方法論也非常重要。本書最有吸引力的地方，就是對如何開展一個 BI 專案進行了詳細的描述，並提供了許多參考案例，無論是對 BI 工具的新使用者還是對舊使用者，都具有極大的參考價值。

曹開彬

中國軟體網、海比研究總裁

中國軟體產業協會應用軟體產品雲端服務分會秘書長

本書從場景角度對 BI 專案的功能應用和業務應用進行了細緻拆解，使得 BI 專案可以落實到業務創新場景中，更細膩地支持那些「聽得見炮聲」的人，非常令人驚喜！

王甲佳

場景學社創辦人、零程大學 IT 學院院長

本書以企業 BI 專案的建設與營運為主題，以發展企業資料生產力為出發點，詳細說明了企業 BI 專案建設的方法論，是企業數位化建設工程的實踐總結，是業界難得的力作。在企業資訊化「新基建」的浪潮下，企業紛紛開始建設與營運 BI 專案，但是由於資料基礎及人才隊伍參差不齊，大多數企業面臨較大阻礙。本書堪稱企業數位化建設的燈塔，是成功建設 BI 專案的點金石！

蘇俐

正進階會計師、中國成本研究院理事

當今世界已進入資料爆炸的時代，資料成為企業最重要的資產之一。能夠實現可持續發展、決勝未來的企業，一定是以資料為驅動力的企業。本書以 BI 專案為主題，從 BI 專案的實施、建設、營運、場景應用、實踐案例、人才培養等方面，全方位展示了利用 BI 專案建設資料驅動型企業的方法與 BI 專案的價值，是時下少有的實用型 BI 專案圖書。

黃培

e-works 數位化企業網總編、CEO ，華中科技大學兼職教授

前言

如今談及企業經營，資料是繞不開的話題。BCG（波士頓諮詢公司）在《數位化時代的商業革命》報告中表明，「數位化顛覆幾乎成為各行各業的**新常態**」，而資料是關鍵生產要素這一觀點也已然成為共識。一方面，巨量資料、人工智慧等領域新技術不斷出現和發展，促成並加速了資料在網際網路產業的應用和落實；另一方面，傳統產業紛紛啟動數位化轉型，期待從資料中採擷更多商業價值。BI（Business Intelligence，商業智慧）能整合、組織和分析資料，將資料轉化為有價值的資訊，為企業管理和決策提供支援，成為企業迎接變革和商業創新的決勝因素。

儘管 BI 問世已有二十餘年，但在近幾年才開始流行，這和企業的資訊化發展處理程序有很大關係。經過十餘年資訊化建設，很多企業都上線了各種業務系統，累積了大量業務資料，具備應用 BI 進行資料分析和資料化管理的條件，而且激烈的市場競爭也使企業高層不得不考慮透過精細化營運降本增效。可以說應用 BI、建設 BI 專案是企業從資訊化建設邁向資料化管理的重要過渡，是企業資訊化處理程序發展到一定階段的絕佳選擇。

BI 的價值雖然可觀，但 BI 專案的建設難度卻遠超企業想像，沒有系統的方法論指導，專案很難達到預期的目標。不同企業的實際情況有很大差異，企業 IT 團隊、BI 廠商以及專案外包團隊的實施能力也參差不齊。企業是否需要建設 BI 專案？如果需要，應該在什麼時候建設？由誰來建設？建設什麼樣的專案？怎麼建設？此外，BI 專案的建設涉及很多具體問題，比如工具怎麼選？企業的資料品質怎麼樣？人員能力怎麼提升？專案上線後如何營運？很多企業還沒有想清楚這些問題，就倉促建設 BI 專案，最終導致專案的效果不佳甚至是徹底失敗，十分可惜。BI 專案應該用於企業資料應用的真正落實，而非給企業描繪一個無法達成的願景。

因此，企業需要系統的 BI 專案方法論。然而縱觀市面上的各種 BI 相關圖書，有科普理論知識的，有介紹 BI 工具或技術的，還有介紹資料分析方法的，但是介紹 BI 專案建設，特別是 BI 專案營運的少之又少。一般的專案管理和實施類別圖書倒是非常多，卻又不涉及 BI 專案的細節和關鍵要點，對 BI 專案人員而言只能作為大致的參考。因此，寫一本書介紹 BI 專案的建設與營運方法很有必要，這也是筆者寫這本書的主要原因。

筆者所在的企業是一家領先的 BI 產品供應商，累計幫助萬餘家企業的 BI 專案成功落實，擁有豐富的經驗。筆者將自己的專案經歷與公司多年的經驗集結成本書，希望為廣大企業提供有價值的參考，幫助其 BI 專案成功落實。

✤ 誰適合閱讀本書

本書介紹了一套較為完整的 BI 專案成功方法論，涉及 BI 專案的規劃、實施、營運等多個方面。無論負責規劃企業整體 BI 戰略的 CIO 或其他高層管理人員，還是負責實施具體 BI 專案的專案經理、IT 人員，或需要從中配合的業務人員，都可以透過本書瞭解 BI 專案成功的要點，提升規劃、實施和營運 BI 專案的能力。

✤ 繁體中文版出版說明

本書原作者為中國大陸人士，書中範例圖多為簡體中文，為維持全書完整性，本書範例圖保持原書簡體中文格式，請讀者對照上下文閱讀。

全書所使用的系統，為帆軟軟體公司的 FineBI 及其相關產品，有興趣的讀者可以至帆軟軟體公司的官網 https://www.finereport.com/tw/ 查看相關的產品介紹。

✤ 本書涵蓋的內容

本書聚焦 BI 和 BI 專案，從 BI 及相關概念出發，將 BI 專案方法論與企業實踐案例相結合，對 BI 專案的建設與營運、場景應用和人才支撐等內容進行了重點介紹。全書共 6 章，結構如圖 1 所示，涵蓋的內容可以分為以下四部分：

第一部分：認識 BI（第 1 章），主要介紹 BI 及相關概念，包括定義、BI 的類型、BI 的功能、技術和價值等，幫助讀者較為全面地認識 BI。

第二部分：BI 專案的建設流程（第 2 章）與營運技巧（第 3 章），系統回答 BI 專案做什麼、誰來做、怎麼做，以及如何把專案營運起來等問題。其中，BI 專案建設流程介紹了明確需求、工具選型、專案規劃與實施方案、專案開發與管理等內容。BI 專案不是搭好平台就結束了，BI 專案要成功還需要做很多細緻的營運工作，主要涉及資料治理、業務模型、人員配合、資訊安全等方面的內容。

第三部分：BI 在企業實際場景中的應用，包括功能應用（第 4 章）和業務應用（第 5 章）。這部分內容的目的是為企業提供案例作為參考，瞭解 BI 專案能帶來什麼價值，給企業帶來哪些變化。其中，BI 功能應用介紹了資料大螢幕、行動應用和自助分析的專案方案，BI 業務應用主要介紹 BI 在零售、金融、製造、醫療和教育等五大產業的典型業務應用方案與執行實例。

第四部分：企業資料人才培養（第 6 章）。BI 專案的建設和營運需要的資料人才，既可以對外應徵也可以內部培養，但是資料人才供不應求，而且 BI 專案與企業的業務、文化、管理等聯繫緊密，很難招到合適的人，因此筆者建議「招不如養」，在內部培養自己的資料人才。第 6 章介紹架設企業資料人才培養系統的方法，幫助企業培養能夠成功建設和營運 BI 專案的優秀人才。

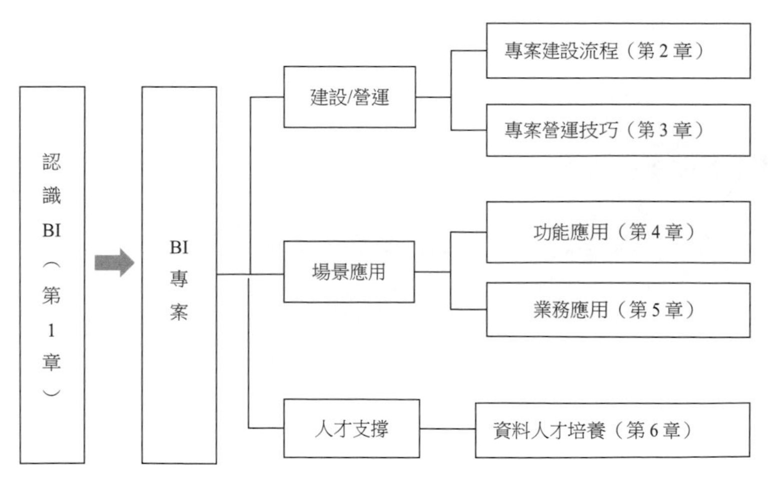

圖 1 本書內容結構

☘ 致謝

本書的完成離不開許多客戶、同事和專家的支持，在此對你們致以誠摯的感謝！

首先要感謝筆者所在公司（帆軟軟體）的廣大客戶，你們的 BI 專案建設和應用實踐為本書的寫作提供了大量的案例素材，感謝你們！

其次要感謝我的同事，包括專案、市場、產品和產業顧問團隊，沒有你們對 BI 的深刻瞭解和豐富的 BI 專案經驗，就沒有本書中的 BI 專案成功方法論。

最後要特別感謝帆軟的袁華杰、許秀鵬、梅杰以及電子工業出版社的許豔，本書的完成和完善離不開你們的寶貴意見和建議。特別是袁華杰，在材料的整理和圖書內容的規劃上給予筆者莫大的幫助。

再次感謝幫助筆者完成本書的所有人，感謝你們！

由於筆者水準有限，書中疏漏之處還望讀者不吝指正。

作者

目錄

01 認識 BI

02 BI 專案建設流程

03 成功 BI 專案背後的營運技巧

04 典型 BI 功能應用

05 不同產業的典型 BI 業務應用

06 企業資料人才培養

A 結語：向 DA 生態系統邁進

Chapter

01

認識 BI

• 本章摘要 •

資訊時代，資料成為關鍵的生產要素。如何利用好資料，釋放其價值，成為企業面臨的一大挑戰。BI（Business Intelligence，商業智慧）便是煉數成金的工廠，是資料價值的放大器。它能幫助企業深入採擷資料之礦，提煉出有用資訊，驅動決策和經營，提升競爭力和利潤。

什麼是 BI ？不同的人可能會列出不同的答案。有人說就是做報表，有人說是資料視覺化，也有人說是資料分析。這有點像瞎子摸象，每個人都是在根據自己接觸到的側面定義 BI。本章將從各個維度介紹 BI，以期幫助讀者較為完整、全面地認識 BI。

1.1 BI 的定義及相關概念

BI 起源於 20 世紀 50 年代，並不是近兩年才出現的新生事物，但是其內涵因資訊技術的發展和企業需求的改變發生了一些變化，大眾對於 BI 的瞭解存在較大區別。此外，從企業廣泛多樣的應用形式中衍生出的一些 BI 相關概念，也給大眾帶來不小的認知困惑。

1.1.1 BI 的定義

BI 即 Business Intelligent，中文譯為商業智慧或商務智慧。1996 年，Gartner 正式提出 BI 的定義：

一種由資料倉儲（或資料集市）、查詢報表、資料分析、資料採擷、資料備份和恢復等部分組成的、以幫助企業決策為目的的技術及其應用。

2013 年，Gartner 對 BI 概念進行了更新與擴充，在 "Business Intelligence" 一詞中加入 "Analytics"，合併成 "Analytics and Business Intelligence"（ABI，分析與商業智慧），並且納入應用、基礎設施、工具、最佳實踐等多項內容，將其定義為：

An umbrella term that includes the applications, infrastructure and tools, and best practices that enable access to and analysis of information to improve and optimize decisions and performance.（BI 是一個綜合性術語，包含應用、基礎設施、工具，以及能透過存取和分析資訊來改進決策、最佳化性能的最佳實踐。）

由此看出，BI 是對一些現代技術的綜合運用。它為企業提供迅速分析資料的技術和方法，包括收集、管理和分析資料，將資料轉化為有價值的資訊，並分發到企業各處，讓企業的決策有數可依，減少決策的盲目性，使企業的管理和經營更理性。

Gartner 對 BI 做出了很正式的定義，但是由於國內外市場環境的差異以及 BI 在企業中的應用形式多樣，使用者對於 BI 的瞭解可謂差別很大。巨量資料 BI 產業研究機構帆軟資料應用研究院對 1000 多名 BI 從業人員進行了調研，結果顯示，對 BI 的瞭解集中於資料的分析和展示，甚至被等於資料分析與資料視覺化。因此，很多企業中對 BI 的應用仍然停留在拿報表給主管看結果的層面，也就不足為奇了。從這個側面可以看出，BI 更深層的功能和應用，比如資料採擷等還沒有落實，其真正的價值並沒有完全表現出來。從前端展示到系統化的決策支持，BI 在企業中的應用還有較長的路要走。

1.1.2 BI 的發展前景

作為時下的熱詞，BI 受到廣大企業的關注。雖然全球 BI 市場規模受經濟下行等巨觀環境影響，增速有所放緩，但是市場前景依舊大好。

2019 年全球 BI 市場規模的增長資料較 2018 年均有所下降，增速稍有放緩。Gartner 在其 *Market Share: Analytics and Business Intelligence, Worldwide, 2019* 報告中指出，全球資料分析和 BI 軟體市場 2019 年增長了 10.4%，達到 248 億美金。其中，現代 BI 平台增長 17.9%，增速最快，其次是資料科學平台，增長 17.5%。這些資料在 2018 年分別是 11.7%、23.3% 和 19.0%。

和全球市場相比，IDC 的《2019 年下半年中國商業智慧軟體市場資料追蹤報告》顯示，2019 年全年中國 BI 軟體市場規模為 4.9 億美金，相較去年增長 22.6%，高出全球增速不少。受新冠疫情影響，IDC 預測 2020 年中國 BI 軟體市場增速有所放緩，預計相較去年增長 18.1%。Forrester 諮詢公司的資料也顯示，2019 年以來，BI 軟體在 IT 產品採購排名中從第 9 位上升到第 3 位。可見作為企業數位化轉型的關鍵一環，BI 產業將大放異彩。

企業對 BI 的應用和創新正在升級轉型，雖然目前對 BI 的應用僅限於部門內部報表管理的企業仍佔 38.1%，但是已經有超過三分之一的企業（32.5%）對 BI 的應用，從部門級報表或部門級決策支援，上升至全企業內部的統一應用，而且各部門已經打通資料孤島，實現基於企業級 BI 平台的資料取出、載入和分析。這充分說明企業對 BI 的應用正在快速發展和日趨成熟，不再是簡單地展示資料，而是以資料為支撐，推動企業數位化轉型，助力經營模式創新和發掘新的競爭力。在受訪企業中，大部分年營收近 100 億元和超 100 億元的企業，都已經應用了企業級 BI 平台，其中金融、大型製造、房地產、醫藥等產業財力雄厚，對資料的應用起步較早，對資料分析和展現的需求較迫切，成為企業級 BI 平台應用的先行軍。

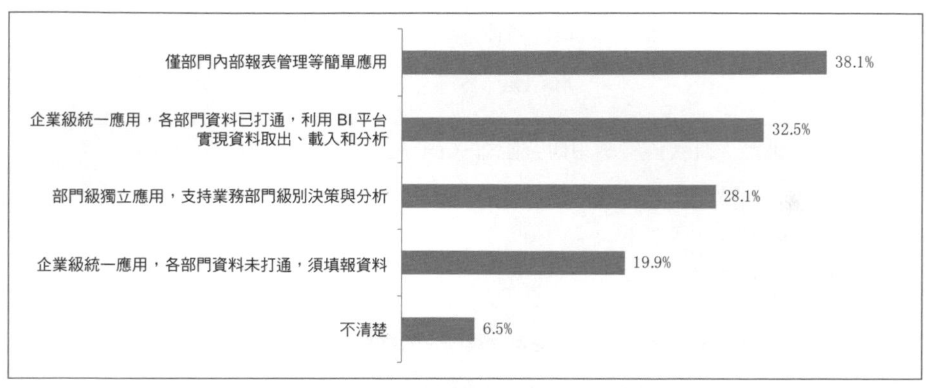

來源：帆軟資料應用研究院等《商業智慧（BI）白皮書2.0》

圖 1-1 企業目前的 BI 應用水準

同時，調查發現，超過 70% 的企業在後疫情時代將繼續推動或加速推動 BI 專案建設，如圖 1-2 所示。另外，從圖 1-3 所示的調研資料可推斷，將近四分之一的受訪企業 2020 年 BI 專案投入將超過 100 萬元，近 8% 的企業 2020 年 BI 專案投入將超過 500 萬元，說明企業已經透過這場災難深刻感受到數位化轉型的必要性和緊迫性。只有全面建置企業資料決策文化，推動分析驅動的數位化轉型，才能為企業未來的發展奠定基礎。

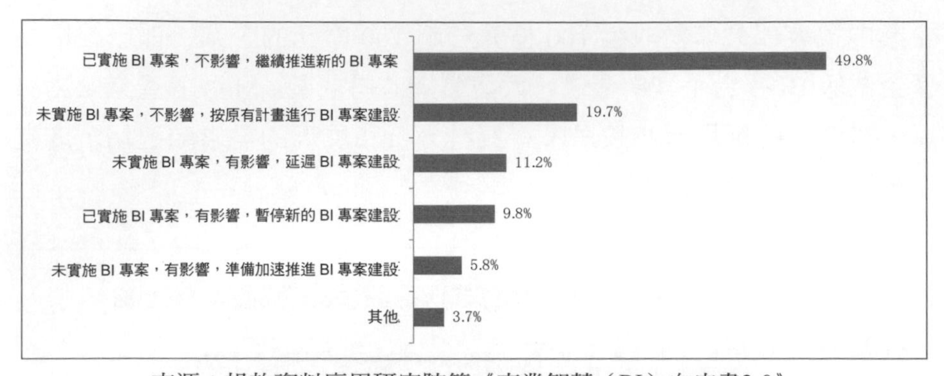

來源：帆軟資料應用研究院等《商業智慧（BI）白皮書2.0》

圖 1-2 新冠疫情對企業 BI 專案建設規劃的影響

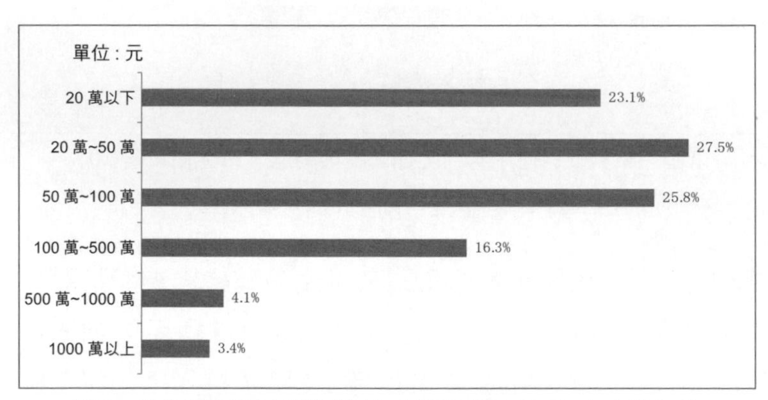

來源：帆軟資料應用研究院等《商業智慧（BI）白皮書2.0》

圖 1-3 2020 年企業預計在 BI 專案建設上的綜合投入

1.1.3 BI 工具、平台、系統、專案

BI 在企業中的不同應用形式，有不同的說法（名字）。為了在本書中統一表述，避免混淆，這裡對這些名字以及它們之間的關係進行集中的梳理與區分。

1. BI 工具

BI 工具由 BI 廠商提供，也被稱為 BI 產品或 BI 軟體。按照大眾瞭解和企業應用的實際情況，BI 工具即為狹義的 BI，是指以資料視覺化和分析技術為主，具備一定的資料連接和處理能力的軟體，使用者能透過視覺化的介面快速製作多種類型的資料報表、圖形、圖表，使企業不同人群在一定的安全要求和許可權設定下，能在 PC 端、行動端、會議大螢幕等終端上對資料進行查詢、分析和探索。

BI 工具作為巨量資料領域下的細分領域，與資料視覺化工具、資料採擷工具和處於分析工具子領域中，如圖 1-4 所示。因此，BI 工具與二者存在交集，比如一些 BI 工具就具備資料採擷功能。但是三者之間的差別也很明顯。資料視覺化工具專攻讓資料的展示效果更炫、更精美，有較高的技術門檻，例如 ECharts 就是一個純 Java 的資料視覺化函數庫。資料採擷工具則專攻從大類型資料集中發現並辨識模式，如 R 語言、Weka 等。

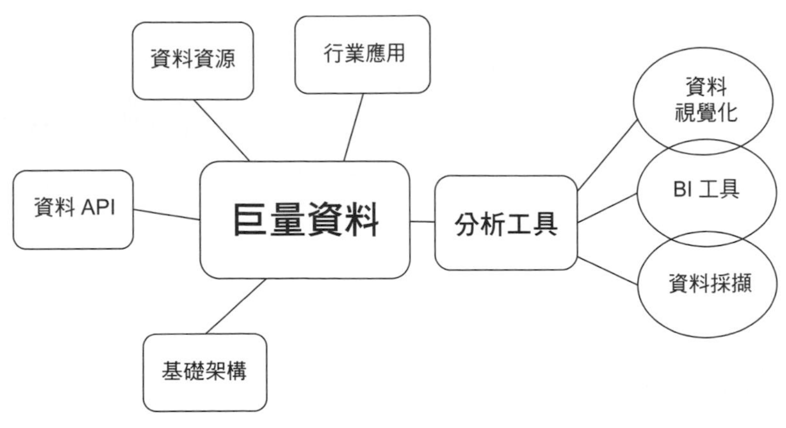

圖 1-4 巨量資料領域生態圖譜（簡圖）

企業中的各種軟體系統的本質是資料獲取＋流程管理＋資料展示，BI 工具在資料展示方面提供了強大的功能，有些 BI 工具如 FineReport 還具備資料獲取（填報）功能，所以不同企業可以基於自身的場景和需求，創建千姿百態的應用。

2. BI 平台

平台是指電腦硬體或軟體的作業環境，泛指進行某項工作所需要的環境或條件。電腦平台的概念基本上有三種：第一種是基於快速開發目的技術平台，第二種是基於業務邏輯重複使用的業務平台，第三種是基於系統自維護、自擴充的應用平台。技術平台和業務平台都是軟體開發人員使用的平台，而應用平台則是應用軟體使用者使用的平台。BI 平台便屬於應用平台的範圍，是以 BI 工具為核心的軟體結合電腦硬體等形成的，用於連接、處理、分析與展示資料的環境。使用者可以利用 BI 平台開發各種資料應用，這些應用就組成了我們接下來要介紹的 BI 系統。

3. BI 系統

軟體系統是指許多部分相互聯繫、相互作用的模組形成的具有某些功能的整體，是為某一個或某一種任務而設計開發的。BI 系統是指利用 BI 平台開發的完整資料應用模組，即具備連接、處理、分析與展示業務資料等功能的企業經營主題模組。簡單來說，BI 系統就是企業實際業務需求在 BI 平台上被開發出來後形成的業務分析模組。單一的模組或多個模組組成的整體都可以稱為 BI 系統。

4. BI 專案

嚴格來說，BI 專案是指企業規劃、開發和管理 BI 應用或系統的活動，其中的開發環節便是借助 BI 平台來完成的。有時候，我們說 BI 專案其實是指該專案所開發的 BI 應用或系統，也指 BI 平台。在企業中有集團級專案，也有部門級專案，有針對管理層的企業經營管理駕駛艙專案，也有針對業務部門的如財務分析專案等。BI 專案在企業中的名稱五花八門，如表 1-1 所示。

表 1-1 BI 專案在企業中的實際名稱

BI 經營資料報表	資料採擷與資料分析平台
經營駕駛艙系統	知識庫共用平台
視覺化管理系統	資料服務平台
商務智慧分析系統	生產製造資料展示平台
資料分析系統	地產行銷數位化平台
教師業績自由組合專案	自助資料服務生態專案
客戶流失「顯微鏡」專案	IS 智慧決策系統
存款績效考核自動化專案	……

由表 1-1 可以看出，BI 專案的範圍非常大，從形態上來說，業務報表、資料分析和資料視覺化任務等都可以算作 BI 專案。一個報表分析專案，使用單一 BI 工具就能實現，而大的 BI 專案則可能需要涉及上下游的資料倉儲、資料治理、資料管道、3D 資料建模等。

具體到專案建設環節，企業根據自身能力，一般有兩種不同的模式可選擇。若其 IT 部門具備獨立建設 BI 專案的能力，能夠做好需求把控、資料處理、專案管理等環節，那麼可以自行建設，但需要選擇一款合適的 BI 工具；若 IT 部門不具備這樣的能力，企業就需要引入 BI 產品供應商或專案實施商，除了選擇 BI 工具，對供應商和專案實施商的能力也要仔細考量。

1.2 BI 的類型

本節將按照功能模式和部署模式介紹 BI 的分類。

1.2.1 報表式、傳統式和自助式

按照不同的功能模式，當前的 BI 可以分為報表式、傳統式和自助式三種。

1. 報表式

報表式 BI 主要針對 IT 人員，適用於各種固定樣式的報表設計，通常用來呈現業務指標系統，支持的資料量不大。的報表式 BI 於 1999 年左右開始起步，在 2013 年趨於成熟。由於企業對於報表格式的糾結和堅持，非常多的企業對表格式報表情有獨鍾，解決複雜報表難題經常成為企業對 BI 工具選型時的重點需求。

報表式 BI 大多採用類 Excel 的設計模式，雖然主要針對的物件是 IT 人員，但是業務人員也能快速學習和掌握，並在既定的資料許可權範圍內，製作一些基本的資料報表和駕駛艙報表。

2. 傳統式

傳統式 BI 同樣針對的是 IT 人員，但是偏重於 OLAP（Online Analytical Processing，連線分析處理）即席分析與資料視覺化分析。傳統式 BI 以 IBM 的 Cognos、SAP 的 BO 等產品為代表，其優勢是面對巨量資料量時具有高性能和高穩定性，劣勢也十分明顯──資料分析的能力和靈活性差。根據 Forrester 的報告，採用傳統式 BI 的企業或機構中，83% 以上的資料分析需求無法得到滿足，這表明很多企業重金打造的 BI 系統幾乎成為擺設，收效甚微。此外，專案耗資不菲、實施週期極長、風險大、對使用者技術要求高等特點，也不利於傳統式 BI 的推廣和普及。

3. 自助式

自助式 BI 也叫敏捷 BI。傳統式 BI 屢遭詬病，而業務人員對資料分析的需求不斷增加，自助式 BI 應運而生。自助式 BI 產品較多，國外產品有 Power BI、Tableau、Qlikview，國內產品有 FineBI 等。自助式 BI 針對業務人員，追求業務人員與 IT 人員的高效配合：讓 IT 人員回歸技術本位，做好資料底層支撐工作；讓業務人員回歸價值本位，透過簡單好用的前端分析工具，基於業務瞭解輕鬆開展自助式分析，探索資料價值，實現資料驅動業務發展。

- 自 2014 年起，視覺化資料分析、自助式 BI 在國內高速發展，傳統式 BI 開始衰退。但是，自助式 BI 也不是萬金油，企業在選擇工具時應綜合考慮自身需求及自助式 BI 的特點。與傳統式 BI 相比，自助式 BI 主要有以下幾項優勢，這也是自助式 BI 被稱為敏捷 BI 的原因：

- 快速部署。傳統式 BI 系統從整體架構的設計到具體的部署環節，通常需要花費幾個月的時間。而自助式 BI 系統的部署不需要經歷漫長而複雜的設計和建模過程，只需要不到一周的時間，企業就可以迅速進行資料分析和視覺化專案的建設。

- 快速、靈活地應對需求。傳統式 BI 給 IT 人員帶來較大的壓力，大量需求堆積導致無法快速、靈活地回應。而採用自助式 BI，IT 人員只需要負責整理基礎資料架構，維護和開發介面，業務人員可以自行進行快速的視覺化分析和報表分析。

- 產品採購成本相對較低。傳統式 BI 產品的採購成本偏高，還有一些額外的教育訓練和諮詢服務成本。自助式 BI 產品只著重解決某些問題，功能不一定大而全，因而相對便宜。

- 工具使用起來簡單、易上手。傳統式 BI 針對 IT 或資料等技術部門，對技術背景有一定要求，學習曲線陡峭，工具操作難度大；而自助式 BI 針對的物件是業務人員，工具操作簡單、容易上手，一般透過簡單的滑鼠操作即可進行資料分析。

總而言之，對於業務人員需要進行自主分析，解決特別注意問題，靈活應對業務需求，快速完成部署等場景，自助式 BI 是一個不錯的選擇。

需要強調的是，這三種 BI 各有優劣，分別適用於不同的場景，不是絕對的相互替代的關係。它們，尤其是報表式和自助式 BI，將長期共存，供企業按需選擇，直到資訊化基礎條件發生根本改變。參考 Gartner 所宣導的雙模 IT 模式，建議企業根據自身資料應用成熟度來判斷哪一種 BI 更適合自己，或是否需要結合使用。以圖 1-5 中的雙模 IT

下的帆軟 BI 系統為例，報表式 BI 針對 IT 人員，可用於固定的、大型的 BI 專案，自助式 BI 針對業務人員，可應對靈活、動態的分析需求。

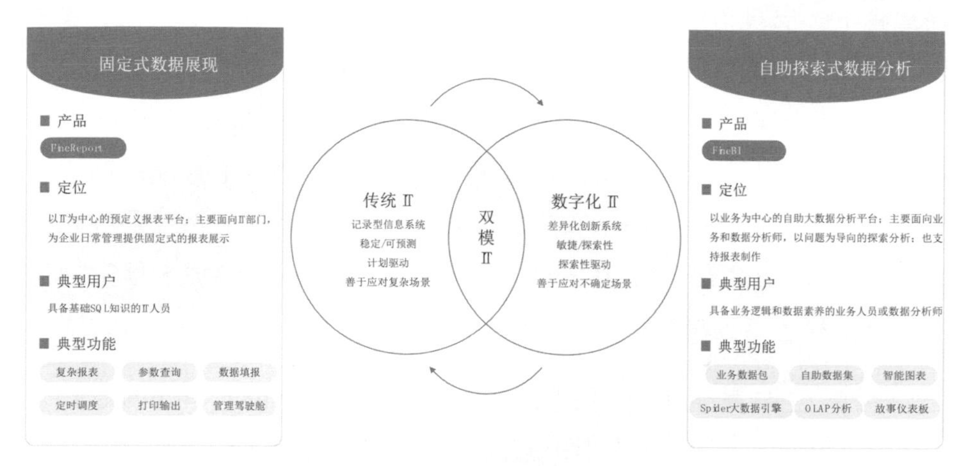

圖 1-5 雙模 IT 下的帆軟 BI 系統

1.2.2 本地 BI 和雲 BI

按照部署模式的區別，BI 可以分為本地 BI 和雲 BI 兩種。

一般情況下，本地 BI 由於需要用 Web 瀏覽器展示結果，所以通常部署在 Tomcat、WebLogic、WebSphere 等 Web 應用伺服器下。部署方式主要有部署套件、獨立部署、嵌入式部署等。其中部署套件方式是指在各 BI 工具的官方網站下載部署套件，裡面已經包含伺服器環境設定和工程等內容，解壓後即可使用；獨立部署方式則需要先安裝 Web 伺服器和 JDK；嵌入式部署方式用於需要將 BI 伺服器整合到其他工程中直接呼叫的情況。不同的 Web 應用伺服器和部署方式在部署細節上有不少區別，這裡不對技術細節說明。

雲 BI 主要有私有雲 BI 和 SaaS BI 兩種。資料在哪裡，BI 系統就部署在哪裡。如果企業的業務系統都還在本地，其實沒有必要把 BI 系統放到雲端上，而且這麼做並不會改善 BI 系統的使用體驗。不過在雲端市場加速發展的大環境下，企業中的各種資料移轉至雲端是大勢所趨，但為了保證資料安全，可能更多企業會選擇私有雲。根據 Gartner 關於企業上雲端計畫的調研資料，75% 的受訪企業表示在 IT 基礎設施建設和業務系統方面都有架設私有雲的計畫，那麼 BI 系統必然部署在私有雲上。因此，「上雲」對 BI 的要求就在於能夠方便、快捷、穩定地連接雲端資料，讓雲端資料參與分析。

公有雲的主要表現形式就是 SaaS BI，其中的 SaaS（Software-as-a-Service，軟體即服務），是指由廠商提供公有雲部署，使用者訂閱的模式。從功能層面上講，SaaS BI 的功能本地 BI 都可以實現，但是前者的長處在於靈活便捷，成本更低，因此更適合一些個人使用者和中小型企業。舉例來說，一個加油站站長需要用大量的 Excel 資料做分析，應用本地 BI 當然是可以的，但他不可能花費幾萬元來購買本地 BI 工具，同時他自己的電腦也未必能支撐本地 BI 工具的計算量。採用 Saas BI 既能滿足他的資料分析需求，又能有較高性價比，何樂而不為呢？另外，大企業或擁有資料倉儲的企業，通常是不可能把自己的資料放到公有雲上的，而一些中小企業，其業務系統以 SaaS 軟體為主，甚至沒有自己的資料庫，那麼採用 SaaS BI 就十分靈活，可以直接透過 API 連線使用者 SaaS 軟體的資料進行分析。

1.3 BI 的功能與技術

從 1.1 節中的定義可知，BI 並不是指某一種技術，而是一組技術及應用。本節介紹 BI 涵蓋的技術及其功能。

1.3.1 BI 的功能架構

按照從資料到知識的處理過程，BI 的功能架構如圖 1-6 所示，分為資料底層、資料分析和資料展示三個層級。其中資料底層負責管理資料，包括資料獲取、資料 ETL（Extract-Transform-Load）、資料倉儲建置等環節，為前端報表查詢和決策分析提供資料基礎；資料分析主要是利用查詢、OLAP 分析、資料採擷及視覺化分析等方法取出資料倉儲中的資料並分析，形成結論，將資料轉化為資訊和知識；最終透過資料展示層呈現報表和視覺化圖表等資料見解，輔助使用者決策。

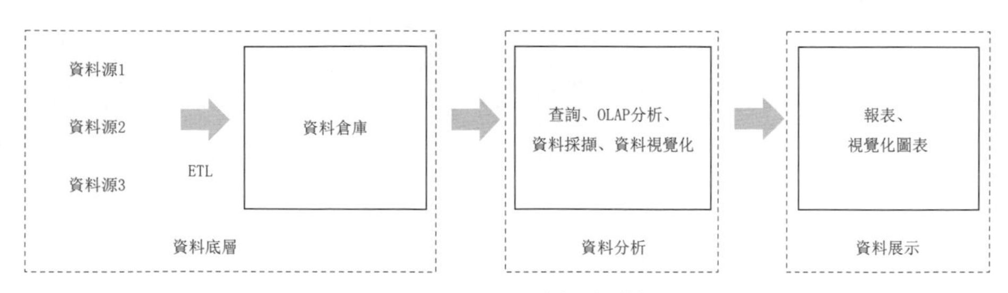

圖 1-6 BI 的功能架構

具體到企業的決策與經營環節，BI 的運作流程如圖 1-7 所示。首先從來自 ERP（Enterprise Resource Planning，企業資源計畫）、OA（Office Automation，辦公自動化）、財務等不同業務系統以及外部的資料中提取出有價值的部分。接著，對資料進行處理與儲存，經過 ETL、資料清洗等過程後，合併到企業級資料倉儲，得到企業資料的全域視圖。最後，在此基礎上利用合適的查詢和分析工具、OLAP 工具等對資料進行分析和處理，將資料資訊轉變為管理駕駛艙、複雜報表、自助分析、多維資料處理等應用，從而為企業管理者和營運人員的決策過程提供支援。

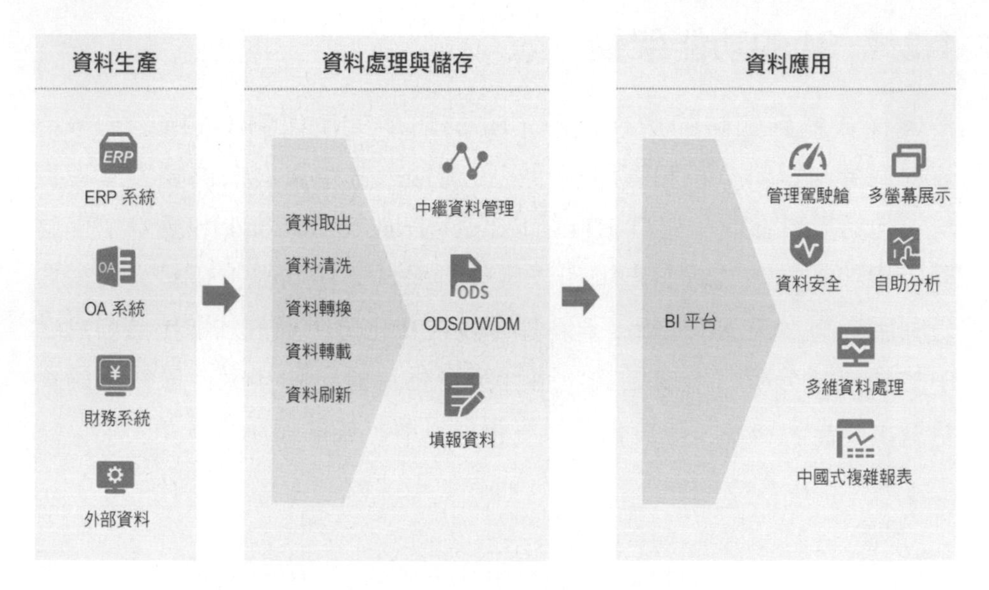

圖 1-7　BI 支持企業決策與經營的過程

1.3.2 BI 的主要功能

企業決策是一個判斷怎麼做的過程，BI 要輔助管理者做決策，就必須提供相關的參考資訊，即是什麼和為什麼。因此，按照對資料分析由淺到深的順序，BI 的功能可以分為報告、互動分析、即時資料與預警、資料採擷和自助分析等 4 個層次，如圖 1-8 所示。層次越高，BI 的智慧程度也越高。

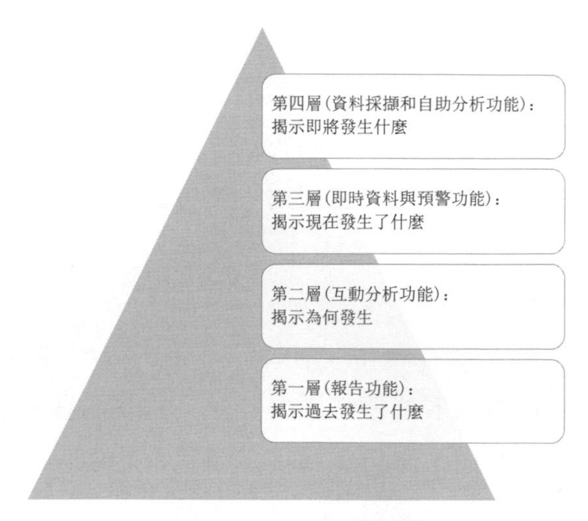

圖 1-8 BI 功能金字塔

1. 報告功能

第一層，BI 需要告訴企業過去發生了什麼，即要有一定的報告能力。BI 能提供事先訂製好的報告、企業平衡記分卡或綜合管理「儀表板」，集中管理關鍵績效指標（KPI），幫助企業瞭解營運情況，用簡單的方式展示複雜報告，監控企業的運行。

2. 互動分析功能

僅將資料呈現出來還不夠，還要「揭示（這樣的情況）為何發生」，這就需要 BI 具備良好的互動分析功能，例如資料鑽取、聯動分析等。鑽取是改變資料維度的層次，變換資料分析的粒度，包括向上鑽取（Roll up）和向下鑽取（Drill down）。向上鑽取是在某一維度上將低層次的細節資料概括到高層次的整理資料，或減少維數，是自動生成整理行的分析方法。向下鑽取則相反，它透過從整理資料深入到細節資料進行觀察或增加新的維度。例如使用者在分析「各地區、城市的銷售情況」時，可以將某一個城市的銷售額細分為各個年度的銷售額，對某一年度的銷售額，可以繼續細分為各個季的銷售額。而聯動分析本質上則是統一視圖下的「鑽取」，在使用者體驗上會優於資料鑽取。

3. 即時資料和預警功能

第三個層次需要揭示現在發生了什麼，對 BI 來說，就是提供即時的資料，並且在一定規則下能發送預警通知。常見的通知方式有顏色標識預警、郵件資訊推送、簡訊提醒等定時排程功能，目的是當企業的生產經營發生異常情況時能夠及時採取干預措施。舉例來說，根據 BI 系統中的資料，發現最近客戶因某種原因對服務或產品不滿，客訴較多，有可能會取消訂單時，及時發送預警通知客戶經理馬上和客戶聯繫，爭取挽留客戶，而非等到客戶流失之後才採取行動。

4. 資料採擷和自助分析功能

對企業來說，僅瞭解現在的狀況還遠遠不夠，還需要推斷未來會發生什麼。未雨綢繆能夠幫助企業預估風險等級，科學地轉換資源。借助 BI 的資料採擷功能，我們可以分析客戶的類別、預測客戶行為、預測業務趨勢、辨認詐騙行為等。而自助分析功能則為業務人員提供了更靈活的分析能力，僅用簡單的滑鼠拖曳操作，就能選擇自己需要分析的欄位，幾秒內就可以看到想要的資料，大大縮短了資料分析報告的製作週期，讓資料分析過程不中斷，讓靈感快速得到驗證。

1.3.3 BI 的主要技術

BI 涉及的主要技術可以分為展示類、分析類和支撐類三個層級，如圖 1-9 所示。

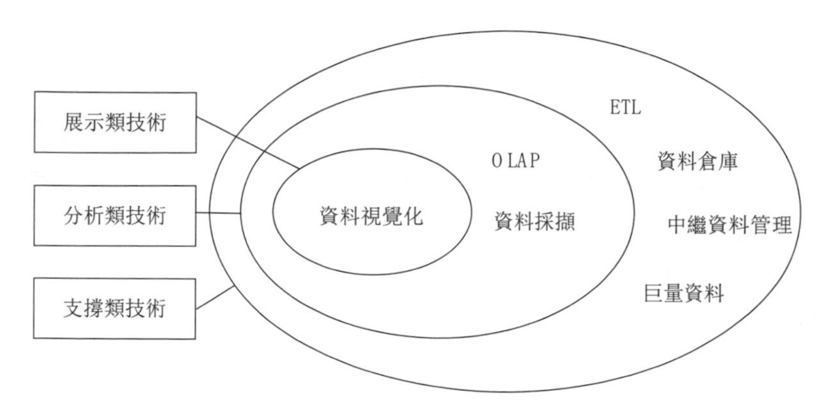

圖 1-9 BI 涉及的主要技術

1. 展示類技術

最核心的 BI 技術是展示類的資料視覺化技術。拋開企業資料量級區別和深度分析的需求不談，資料視覺化技術能夠滿足最基本的 BI 目標，即將資料轉化為資訊並輔助決策。資料視覺化的具體形式又分為報表和視覺化圖表兩大類，其中報表是大多數企業目前採用的主要資料展示形式。

資料視覺化主要在借助圖形化手段，清晰、有效地傳達與溝通資訊。其基本思想是將資料庫中的每一個資料項目作為單一畫素表示，大量的資料集組成資料圖型，同時將資料各屬性的值以多維資料的形式表示，可以從不同的維度觀察資料，從而對資料進行更深入的觀察和分析。舉例來說，直條圖、聚合線圖和圓形圖等一些基礎的圖表就可以直觀地展示資料。當資料較為複雜時，可以透過複雜圖表搭配多樣的互動效果來將資料視覺化。

2. 分析類技術

OLAP、資料採擷等分析類技術，能夠基於現有資料提供更深入的見解。資料採擷技術需要一定資料量做支撐，而企業不是一定要等到資料量足夠大時才能應用 BI，因此結合企業的資訊化現狀，資料採擷目前並不是 BI 系統的關鍵技術需求。

OLAP 主要關注多維資料庫和多維分析，它的目的是讓分析人員能夠迅速、一致、互動地從各方面觀察資訊，深入瞭解資料。OLAP 的基本多維分析操作有鑽取、切片和切塊、旋轉等。鑽取在前面有所提及，例如從省份鑽取到城市、從集團鑽取到子公司等；切片和切塊就是捨棄一些觀察角度，在更少的維度上集中觀察資料，例如企業想瞭解某一產品對整體利潤的貢獻，就可以透過切片的方式將該產品的利潤資料從所有產品資料中抽離出來。旋轉操作可以得到不同角度的資料，例如常見的行列交換等。

3. 支撐類技術

支撐類技術包括資料倉儲、ETL、巨量資料技術和中繼資料管理等，用於管理繁雜的、不斷增長的企業資料，為整個 BI 系統提供持續、強有力、穩定的支撐。

資料倉儲（Data Warehouse）是一個針對主題的、整合的、相對穩定的、反映歷史變化的資料集合，用於支援管理決策。資料倉儲的出現並不是要取代資料庫，大部分資料倉儲還是用關聯式資料庫管理系統來管理的，資料庫與資料倉儲相輔相成，各有千秋。

ETL 是 Extract-Transform-Load 的縮寫，用來描述將資料從來源端經過取出（Extract）、互動轉換（Transform）、載入（Load）至目的端的過程，它是建置資料倉儲的關鍵環節。資料倉儲主要為決策分析提供資料，所涉及的操作主要是資料的查詢，所以 ETL 過程在很大程度上受企業對來源資料的瞭解程度的影響，也就是說，從業務的角度看，資料整合非常重要。

巨量資料技術即收集、儲存、處理、分析巨量資料的相關技術，例如用於檔案儲存的 HDFS（Hadoop 分散式檔案系統）、Tachyon，用於資料離線計算的 MapReduce、Spark，用於資料查詢的 Hive、Impala、Pig 等。當前大部分企業的資料都符合巨量資料的 5V 特徵，即 Volume（大量）、Velocity（高速）、Variety（多樣）、Value（低價值密度）、Veracity（真實性），而 BI 作為將資料加工成知識的有效方式，自然需要具備更多的巨量資料能力，以適應企業資料不斷激增的現狀和趨勢。BI 中的巨量資料技術主要用於支撐企業巨量資料量的計算，例如 BI 結合 MPP（Massively Parallel Processor，大規模平行處理）架構的高效分散式運算模式，能夠透過列儲存、粗粒度索引等多項巨量資料處理技術提高巨量資料的儲存和計算效率。此外，BI 也可以架設在巨量資料應用層，利用 ETL 操作後或從 Hive 過來的資料做通用類別的業務分析。這樣的組合結構既能滿足企業對巨量即時資料的分析需求，又能滿足決策型的業務分析需求。

中繼資料（Metadata）又稱仲介資料，用於描述資料屬性的資訊，是描述資料的資料。其使用價值主要在於辨識資源、評價資源、追蹤資源在使用過程中的變化，簡單高效率地管理大量網路化資料，實現資訊資源的有效發現、尋找和一體化組織，有效管理所使用的資源。由於中繼資料也是資料，因此可以用類似對待資料的方法在資料庫中儲存和獲取。

1.4 BI 的價值

在 BI 的定義中，我們提到 BI 的價值在於滿足企業不同人群對資料查詢、分析和探索的需求，為業務和管理提供資料依據和決策支撐。但是這一說法比較巨觀，你可能仍然不清楚 BI 具體能給企業管理和業務帶來多大的價值。本節從具體的管理和業務場景切入，總結 BI 對不同企業角色的作用，並透過應用 BI 前後的比較，幫助你感知 BI 對於企業的價值。

1.4.1 BI 對管理和業務的價值

經過快速的發展與大量的實踐，BI 已經被應用到各種各樣的企業管理和業務場景中，下面我們透過一些場景實例來看看 BI 給企業管理和業務具體帶來了怎樣的價值。

1. BI 助力會議管理

很多企業每月都會召開經營分析會議，使用 PPT 來複盤、分析工作的完成情況。往往會出現這樣的情形：花大量時間和精力製作 PPT 文稿，卻無法保證其中引用的資料完全準確，並且會議結束後 PPT 無法儲存到資料倉儲中再利用而產生價值。

針對這一問題，某化工企業讓 IT 部門將月度經營分析報表功能併入 BI 系統，並在每個會議室配備一個 iPad，此後月度經營會議只需要報告者打開 iPad，從 BI 系統中即時調取資料進行分析。這樣的會議形式省時省力，也排除了人工計算的差錯。會議時間從月中挪到月初，提前了 14 天。

某時裝企業的主管互動螢幕系統，對已有業務系統資料資訊進行高效分析，並將分析結果展示在主管辦公室的顯示幕上，讓主管能直觀、便捷地查看各個管理部門的財務資料指標，合理排程和設定資源。該企業旗下 500 多個店鋪的庫存和財務資料，都能在互動螢幕和行動端直接查看。業務部門每次匯報工作時可直接參照辦公室內的互動螢幕，邊匯報邊操作，集中精力進行業務分析，大大縮短了查看報表、核對資料的時間。

2. BI 助力績效分析

某電子電氣企業，其 OA 軟體已經上線 13 年，但企業內部並沒有感受到辦事效率有明顯提升。有人認為是 OA 軟體的原因，也有人認為是軟體使用者的原因，兩方爭論不休，誰也説服不了誰，然而工作效率並沒有任何起色。資訊中心主動應對需求，開發出流程績效分析報表，每天透過微信和簡訊推送流程執行情況的排名，並將此排名和人事部門的績效考核連結。工具端和制度端措施雙管齊下後，該企業的辦事效率提高了 80%。

某化工企業的績效考核分為三級系統，即公司級、事業部級、部門級，每月考核績效時需要讀取大量的經營資料作為計算依據，採用人工統計，耗時耗力，資料準確性得不到保證，可追溯性差。為此，該公司資訊中心根據績效考核系統設計了績效考核相關報表，提供了便捷高效的工具。該 BI 專案實施前，每月結帳後從統計考核資料、整理資料到審核後發放薪水，大概需要 15 天，員工薪水到每月下旬才能發放。專案實施後，各單位在結帳後很快就能出具績效考核資料，考核人員無須再查詢、整理報表，也不再需要核對資料，每月節省人力約 40 人天，員工薪水在每月 15 日左右就能發放，提前了 10 天左右，員工滿意度大大提高。

3. BI 助力精益生產

某大型 LCD（Liquid Crystal Display，液晶顯示器）製造企業近年來的主要戰略方向是推動精益生產，在瞭解 BI 的價值後，開始圍繞製造業精益生產的重要表現指標——OEE（Overall Equipment Effectiveness，裝置綜合效率）建設 BI 專案。該企業梳理了影響 OEE 指標的稼動率、良品率以及性能 TackTime（生產 / 需求節拍）等關鍵因素，對所有裝置的機器狀態進行標準化管理，並透過 MES（Manufacturing Execution System，製造執行系統）和 ERP 系統自動記錄裝置每一次符合基準的狀態變更，建立一套符合各裝置生產規則的良品率和 TackTime 統一演算法，在 BI 系統中架設了一套完整的 OEE 指標透明化展示系統。該 BI 專案上線後，消除了手工刷數和統計引起的工時誤差，瓶頸工序的 OEE 提升至 89%，專案合計收益超過 3000 萬元。

4. BI 助力資產管理

某大型建築企業共有資產 5000 餘項，以往主要透過各單位每月上報的資產台帳來瞭解資產情況。然而每月上報的報表很難及時反映資產真實情況，比如出現裝置損壞、閒置、報廢等情況時，總部並不知曉，因此也就無法及時調撥閒置資產。另外，資產的盤點、調撥、維修仍然透過紙質方式登記，並未線上留存記錄，很難查詢到歷史資料。面對資產管理的困擾，該企業透過調研資產管理部門業務流程，開發了一套包含 PC 端和行動端的資產管理系統。

此系統的資產管理看板覆蓋資產的入庫、盤點、調撥、報廢、維修、分析等全業務環節，上線後盤活了整個企業的資產，實現了企業資產的全生命週期管理，為企業合理設定資源提供了強有力的資料支撐。最終，企業資產使用率提高 12%，節省成本約 270 萬元；資產壽命大幅增加，裝置購置成本降低約 150 萬元。

5. BI 助力供應鏈管理

缺貨是每一家零售企業都很頭痛的問題，特別是連鎖企業。對於滯銷商品（即每月銷量特別低的商品），缺貨帶來的直接銷售損失較小。但是對於暢銷商品，一旦缺貨就會造成非常大的銷售損失。為瞭解決這個問題，某連鎖醫藥零售企業，透過商品分級管理，在 ERP 系統基礎資料中標注商品的缺貨等級，然後對資料分類整理，並且按照區域經理、商品管理員、品類經理等維度在 BI 系統中整理，最終透過行動端展示月度缺貨率 / 缺貨損失、當日缺貨率 / 缺貨損失等指標。這樣一來，管理人員各司其職，隨時關注自己管轄範圍的重點缺貨商品並及時補貨。透過 BI 系統，重點商品缺貨率由原來的 10% 下降到 3.1%，一般商品缺貨率由原來的 12% 下降到 5.4%，月度缺貨損失減少 300 萬元以上。

某集團年產值近 600 億元，每年花在輔料採購上的費用高達 30 多億元。該集團的輔料採購主要依賴於某幾個經驗豐富的採購員做決策，IT 部門將他們的採購經驗固化為一些 BI 分析報表，並嵌入採購系統作為參考。一年後經過統計，在銷售額不斷增長的情況下，採購費用反而下降了 5.1 億元，整體採購成本獲得了很好的控制。

6. BI 助力市場行銷

某大型製造企業，在實施 BI 專案前，公司的行銷分析主要由行銷人員透過 Excel 等工具以手工方式整理資料，做成報表後上報和下發。由於資料邏輯複雜且量大，還會有統計口徑不一致的問題，導致加工時間長，容易出錯。於是該企業透過 BI 專案的建設，將行銷分析整體遷移到 BI 系統中進行。行銷分析圍繞市場、客戶管理分析、產品、趨勢等維度，從接單、下線、發運、開票、庫存、回款等訂單執行環節，綜合展現公司整體情況、國內外銷售和出口的訂單執行情況以及客戶結構等，實現客戶訂單執行全流程視覺化，支援行銷人員整合全域資訊，最大限度滿足客戶的發表要求，為銷售業務及決策提供了支撐。

BI 專案實施後，透過對行銷資料的分析動態顯示個人績效，組織績效大幅提升，上半年超前完成外銷任務。該企業訂單發表週期縮短 2 天，風險帳款下降了 30%。

1.4.2 BI 對企業不同角色的價值

按照角色的職能和對 BI 的訴求，企業中 BI 系統的使用者一般可劃分為管理層、業務執行層和 IT 支撐層等三種，BI 對於這三種角色的價值也有所不同。

1. 對管理層：提供管理依據，提升管理水準

企業對資料驅動決策的需求促使 BI 誕生，因而支撐管理與決策是 BI 最核心的目的。對管理層來說，BI 的價值主要是提供管理依據，提升管理水準，即首先讓管理者看到資料，然後讓他們看到準確、即時的資料，再透過資料發現企業管理上問題，找到「對症」的解決方法，最後形成一定的激勵機制。

傳統的粗放管理模式下，企業管理者做決策時往往依靠自身經驗主觀判斷，沒有資料依據。不能說憑經驗做決策的方式一無是處，但是它受人為因素的影響較大，容易為企業帶來風險。在巨量資料時代，企業內部業務系統每天都會產生大量資料，管理層經常面臨無法及時掌握企業準確的經營資料，把控 KPI、關鍵經營指標、財務狀況及風險指標的情況，更不要說及時做出準確判斷了。例如前面提到的企業經營分析會議，很多企業的會議形式主要是各部門透過 PPT 文稿做匯報，管理者發現問題後再進行討論，想對策。這種方式的弊端在於管理者發現問題的週期比較長——開周會就是至少一周，開月會就是至少一個月，而這期間企業內部可能出現新情況，市場有新動向。並且，在發現問題後，需要更詳細的專案資料進行分析時，匯報人一般很難當場提供，只能事後補充，導致問題得不到快速有效的解決。

BI 能打通企業各個業務系統資料，為管理層提供即時、準確的資料參考。由資料驅動的管理與決策方式，要求管理者根據生產經營所產生的資料做決策，進而對各個環節進行控管，具有客觀、普適、全面等優點，並且管理層做出的決策能夠反哺業務，形成真正的管理閉環。在保證資料即時與準確的基礎上，基於資料的透明和流程化，BI 便能夠促進企業 PDCA（即 Plan、Do、Check 和 Action 的字首組合）的高效迴圈，並形成激勵機制，提升管理水準。

2. 對業務執行層：提高業務效率，促進業務流程最佳化

和管理層相比，業務執行層對資料的需求更加多變和複雜。不同的業務系統資料、不同的資料維度和粒度、不同的統計口徑和標準等因素都加大了業務人員對資料進行管理和應用難度。面對管理層下放的資料統計任務和部門自身的資料分析任務，業務人員經常要製作大量報表，有時候還需要尋求 IT 部門的幫助逐級取數，除了效率低下，這種人工統計和處理資料的方式也為管理層的決策帶來風險，因為資料準確性難以保證。另外，對於煩瑣的業務流程，很多企業仍然採用人工拿著紙質表單跑來跑去找人簽字的審核方式，既浪費業務部門的大量時間，也不利於資料的保存與追溯。

基於以上業務痛點，BI 對業務執行層的價值在於提高業務效率，促進業務流程最佳化。業務營運過程中涉及的大量手工報表、人工統計、逐級取數等操作，都可以由 BI 系統來完成，既能減少人為因素導致的錯誤，提高資料的準確性，又可以提高效率，節省時間成本。業務人員能夠將更多的時間用在業務分析上，聚焦業務本身，解決業務問題，完善整個業務系統，促進業務流程和模式的最佳化，最終提升業務價值。

3. 對 IT 支撐層：打通資料孤島，釋放 IT 價值

IT 部門是支撐企業資訊化建設和 BI 建設的主體，對他們來說，BI 的價值主要表現在資訊化建設和數位化轉型等方面，具體可以從以下兩個方面來看：

（1）整合多個系統的資料，打通資料孤島，解放 IT 人員。資料孤島是困擾很多企業的問題。企業擁有許多業務資訊系統，大量資料分散在這些系統中，甚至分散在多個 Excel 檔案裡，而對經營情況做分析時卻不可能只依賴某個業務系統或某幾項資料。因此，IT 部門的大量時間和人力都消耗在提取資料和整合資料上，成為「取數機」。BI 能夠收集不同資料來源的資料，並進行整理、清洗、轉換，然後載入到一個新的資料來源中，使這些繁雜的取數工作自動化，讓 IT 人員擺脫低級重複的工作。

（2）推動企業數位化轉型，釋放 IT 部門的價值。數位化轉型的根本目的就是利用資料來推動業務增長，BI 能夠充分採擷資料價值，實現精細化營運，提升效率，可以說 BI 是數位化轉型的核心。而 IT 部門透過 BI 專案的建設助力企業數位化轉型，不再做「取數機」，技術能力得到充分發揮，在企業中的地位也因此而提高了。

1.4.3 企業應用 BI 前後的比較

為了更加直觀地展現 BI 價值，本節透過某醫藥集團的產銷存及成本一體化系統建設實例幫助讀者感受一下企業應用 BI 後的變化。

1. 系統建設背景

隨著企業的發展和資訊化建設的推進，該醫藥集團面臨資料孤島、系統功能重疊等問題，因此希望應用 BI 建設產銷存及成本一體化系統，將複雜的業務邏輯整合到系統邏輯中，對生產、銷售、庫存及成本情況，實現按產品和時間維度分析，並對庫存緊張的產品、成本異常資料進行警示，利用庫存資料和銷售計畫演算產品可發天數，為制訂生產計畫提供直觀、可靠的判斷依據。

2. 系統上線前各業務模組的情況

（1）銷售、生產和費用模組。ERP 系統中包含企業各產品的銷售、生產和費用明細資料，在財務系統中進行一系列複雜的操作，可以得到單一產品、單時間維度下的整理資料。因此，在生產公司的管理員手中，會保存一份各產品、各月度（年度）的 Excel 資料表，以便做關於產品的水平、垂直比較，也便於在報告檔案中引用資料。由於產品許多，統計這些資料並不是一件容易的事，往往會消耗 3 個業務員 2~3 天的時間。

（2）成本模組。成本資料十分複雜，需結合生產工序的多個流程節點，對每一種物料的使用情況進行統計，再結合最終產出量計算出單一產品的成本，往往花費 3 個業務員 3~5 天，卻只能得出一個大概的數值。因此，除特殊匯報外，不會安排專門人員做這方面的工作。

（3）庫存模組。生產公司最關心的是一張即時的庫存狀態表，庫存狀態表涵蓋了庫存資料、銷售資料、銷售計畫，對這部分資料根據業務邏輯進行處理，得出庫存可發天數、待檢可發天數兩個重要指標。以往業務人員需要先從銷售公司拿到銷售計畫資料，然後從 ERP 系統中匯出銷售和庫存資料，再將這多張零散的 Excel 表手工整理、整合，最終依據業務邏輯進行計算得出結果。一套操作流程往往需要花費 3 個業務員 1.5~2 天，導致計畫的時效性大打折扣。這一項工作通常一周左右做一次，只有在庫存單位反映某項產品較少，市場又需要時，才採取緊急生產措施。

3. 系統上線後各業務模組的變化

（1）銷售、生產和費用模組。由 BI 系統擷取 ERP 系統中各模組的資料，並結合業務人員每月填報一次的計畫資料自動演算，進行多維度比較，以多種形式展現，計畫資料填報完成後即刻生成相關計算結果。生成報表平均耗時 2 分鐘，達到精準、高效的專案目標。

（2）成本模組。整合生產工序中各物料消耗與生產產出量，BI 系統自動演算，在每日資料更新後，當月資料根據實際情況變動，歷史月度成本資料穩定不變，解決了極其複雜的計算難題，實現有資料可查、資料準確、即時性高的目標。即使瀏覽全部產品的成本資料，時間也不會超過 5 分鐘。

（3）庫存模組。BI 系統在每日淩晨收集銷售和庫存資料，並進行相關邏輯的演算，得出庫存可發天數、待檢可發天數，系統還對需要緊急生產的產品發送不同等級的預警資訊，員工可以在第二天上班時查詢到庫存情況，根據庫存情況適當調整當日的生產任務。算上計畫資料的填報，報表平均查詢時間縮短到 1 分鐘以內，給生產計畫的制訂提供了準確、即時的依據，更貼合市場對產品的需求。

4. 價值總結

綜合以上幾點，BI 系統上線後，業務部門效率得到極大提升，如表 1-1 所示。

表 1-1 某醫藥集團應用 BI 前後的效率比較

模組	上線前耗時	上線後耗時
銷售、生產、費用	2~3 天（3 人）	2 分鐘內
成本	3~5 天（3 人，平時沒有）	5 分鐘內
庫存	1.5~2 天（3 人）	1 分鐘內

不過 BI 給該企業帶來的好處不僅表現在效率提升上，還表現在幾個方面：

- 自動化：資料實現自動化演算，業務人員僅需輸入計畫資料，從繁複的資料計算工作中解放出來。
- 智慧預警：對低庫存產品、成本異常產品發出預警資訊。
- 即時性：用即時資料替換原來的落後資料，輔助業務流程高效運轉。
- 有據可依：將原來實現起來高難度的成本報表即時展現出來。

BI 是採擷資料價值，輔助企業決策的有力支撐，有光明的前景。本章我們對 BI 的定義和相關概念、發展前景、類型、價值，以及功能與技術等相關內容進行了介紹，希望能夠幫助讀者建立對 BI 較為全面的認知。接下來，我們將圍繞 BI 專案的建設，介紹企業如何運用 BI 驅動決策與經營，下一章將介紹企業 BI 專案建設的一般流程和要點。

Chapter

02

BI 專案建設流程

• 本章摘要 •

BI 對於企業的價值毋庸置疑，越來越多的企業開始建設 BI 專案，希望借此採擷資料的價值，為決策與經營提供依據。儘管 BI 專案有大有小，但都不是能夠隨時啟動和結束的。

大部分的情況下，BI 專案要經歷啟動、計畫、實施、控制、收尾等 5 個階段，但是在具體的實施過程中，某些環節可能會提前或延後。企業 BI 專案的建設一般分為兩種情況，自身獨立開發或乙方參與，流程如圖 2-1 所示。若企業 IT 部門具備獨立建設 BI 專案的能力，可以選擇自行建設，否則就需要引入 BI 產品供應商（廠商）或外包專案團隊。儘管兩種方式在某些環節存在差異，但是幾個核心環節是相同的，並且在整個過程中都需要以完整的專案管理方法為指導，遵循標準的 BI 專案規劃與實施流程。

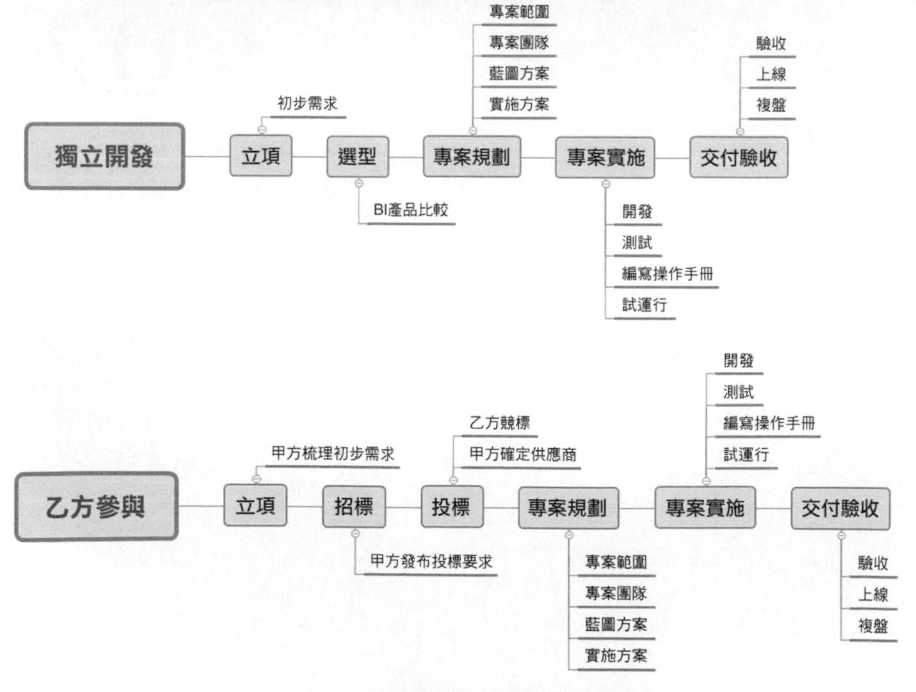

圖 2-1 BI 專案的兩種建設流程

本章將圍繞明確需求、工具選型、專案規劃與專案管理等 4 個方面，介紹 BI 專案的關鍵環節和建設要點，幫助企業瞭解如何建設 BI 專案。

2.1 收集和明確需求

BI 專案都是由企業需求驅動的，而且後續的專案方案也只有和企業的需求契合才能產生價值。大部分的情況下，BI 專案主要由企業資訊化建設與資料應用需求驅動。專案前期的立案階段要明確大致需求，這些需求要能支撐 BI 專案的立案和工具選型；專案正式啟動階段要弄清楚詳細需求，也就是具體到業務、資料、技術等層面的需求，這關乎專案的落實。

2.1.1 大致需求與詳細需求

明確大致需求，就是要弄清楚當前企業中各方人員的痛點，找到必須建設 BI 專案的理由和共識，並確定專案範圍。第 1 章講過 BI 對企業的價值，但不同產業的企業價值訴求點並不相同，因此在專案前期要注意收集和整理，多跟企業領導層、業務部門溝通，採擷他們的重點，弄清楚他們真正想要的是什麼，再整理出專案的應用場景、功能需求、互動需求、管理需求，預估專案週期等。

BI 專案成功與否，最終要看專案完成後企業能不能將它用起來。很多企業的 BI 專案之所以失敗，就是因為沒想清楚需求就開始建設，導致一步錯，步步錯，做出來的系統並不能解決企業的問題，甚至根本用不上，主管也會質疑 IT 部門的價值和 BI 系統的意義。所以，進行 BI 專案前，要準備好，瞄準目標再出發。

要大致瞭解 BI 系統是哪些部門用，用在哪些場景中，用了後能夠帶來多少價值，最好能帶來企業整體業績或利潤的提升（即有可見的、可量化的價值）。舉例來說，企業每個月月底都要製作財務報表，一直採用的方式是財務部門從企業各個系統中取出資料，經過手工整理，然後用 Excel 整理和製表。整個過程不但耗時耗力，還會產生很多問題，例如維度的問題、統計口徑的問題、資料真實性的問題等，財務部門一到月底便苦不堪言。這個時候就可以說企業有了一個明確的 BI 應用需求，並且有可落實的場景，那麼 BI 專案才有價值，能夠解決實際問題。

有了大致的需求，企業明確要進行 BI 專案後，就可以正式立案了，初步梳理出來的部門需求和場景可以作為工具選型時的考量因素。收集和明確詳細需求是設計專案藍圖方案前的主要任務，是對大致需求的深入和細化，要具體到可執行的粒度，例如每一個業務指標的分析與展示的維度和單位等。這個過程涉及業務、技術、資料等方面，需要透過細緻的需求調研來完成。

整體來看，大致需求確定 BI 專案的核心價值和邊界，詳細需求確定 BI 專案的落實和驗收，兩者相輔相成，前者指明出發的本心，後者規範前行的里程碑。

2.1.2 需求調研

收集和明確需求並非易事，尤其是採擷需求方詳細的、深層次的需求。很多企業在做需求調研時，經常由於雙方對問題描述和瞭解上的差異，使得需求在不斷傳遞的過程中發生較大的偏差，最終開發出來的功能與原始需求大相徑庭。圖 2-2 描述了需求的傳遞偏差，業務人員說不清，技術人員不瞭解，導致最終的開發結果無法滿足真實業務場景的需求。

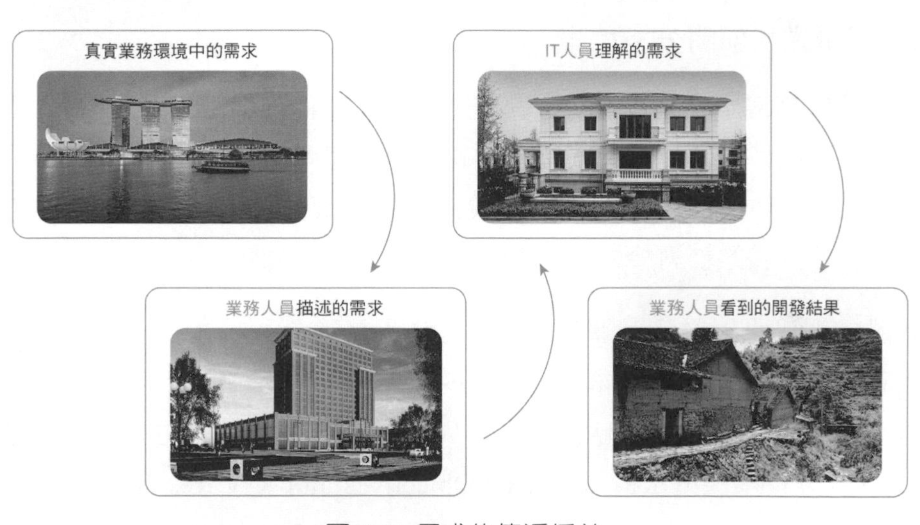

圖 2-2 需求的傳遞偏差

那麼，如何才能做好需求調研，使真實業務環境中的需求準確無誤地傳達給最終的開發人員呢？總結起來有兩點：掌握整體想法和原則，做好三個關鍵環節。

需求調研的整體想法是以模組為線，以整體為面，由粗到細，先整體後局部，先集團後部門。在整體想法的基礎上，一個非常重要的原則就是在收集和確認需求時做到「抓痛點而非抓癢點」。透過一層層地抓痛點，讓管理層、業務人員明確其需求，也就是專案邊界，IT 人員的開發就不會偏離方向。最後即使 BI 系統不能保證完美契合需求，但是核心需求獲得了滿足，BI 系統在企業中能用起來，專案也不算是失敗的。

需求調研的三個關鍵環節是調研業務部門分析場景，調研資料品質，設計、確認及修改資料系統。

1. 調研業務部門分析場景

在調研業務部門分析場景前，首先要做的就是依據 BI 系統的使用者確定需要調研的業務部門，可以一次性調研所有希望用 BI 系統的業務部門，也可多次循環調研。對於需要調研的每個部門，都應指定對應的資料對接人和業務對接人，當然也可以由同一個人兼任。

具體的調研可以從三個層面展開。首先是管理層面，主要調研與企業戰略相關的指標分析需求，方法是將企業戰略目標層層拆解到不同的層級。舉例來說，將戰略目標拆解到某個部門後，該部門就需要透過 BI 系統分析部門的 KPI 或 OKR（Objectives and Key Results，目標與關鍵成果）、專案進度、部門業績，以及人員各項指標的完成情況等。可以參考表 2-1 拆解企業戰略目標，並進行分析和記錄。

表 2-1 業務部門需求調研——企業戰略目標拆解

企業戰略目標拆解		
支撐模組		
支撐公司 / 部門		
支撐戰略維度		部門 OKR，專案進度監控
需求場景	對應業務	分析場景所屬的業務線
	統計指標	需要統計與分析的核心指標是什麼
	分析維度	需要透過哪些維度來分析資料，如營業部、地區、時間等
	分析粒度	資料需要細化到什麼等級，如年 / 月 / 日、省 / 市 / 區
	當前分析方式	現在是否有分析流程，若有的話，當前方式是什麼，耗時多久
需求資料來源		資料取自哪個系統，比如 CRM（客戶關係管理）系統或銷售系統
需求預期		期望解決的問題和實現的效果（可以貼圖）

其次是調研業務部門在一些日常分析場景中的需求，可以透過表 2-2 進行收集。

表 2-2 業務部門需求調研——日常分析場景

日常分析場景		
提交人		
原需求場景	對應業務	所屬的業務線
	統計指標	需要統計與分析的核心指標是什麼
	分析維度	需要透過哪些維度來分析資料，如營業部、地區、時間等
	分析粒度	資料需要細化到什麼等級，如年 / 月 / 日、省 / 市 / 區
	當前分析方式	現在是否有分析流程，若有的話，當前方式是什麼，耗時多久
需求資料來源		資料取自哪個系統（CRM 或銷售系統）
需求預期		期望解決的問題和實現的效果（可以貼圖）

最後是調研業務部門的一些隱性需求，這些需求與日常分析場景不同，需要透過腦力激盪或訪談的方式去採擷，可分別參考表 2-3 和表 2-4。

表 2-3 業務部門需求調研——隱性需求（腦力激盪）

<table>
<tr><td colspan="8">會議記錄</td></tr>
<tr><td>時間</td><td colspan="7"></td></tr>
<tr><td>人員</td><td colspan="7"></td></tr>
<tr><td>議題</td><td colspan="7"></td></tr>
<tr><td colspan="8">自由討論記錄</td></tr>
<tr><td rowspan="2">提出人/部門</td><td colspan="5">需求場景</td><td rowspan="2">需求資料來源</td><td rowspan="2">需求預期</td></tr>
<tr><td>對應業務</td><td>統計指標</td><td>分析維度</td><td>分析粒度</td><td>當前分析方式及痛點</td></tr>
<tr><td></td><td></td><td></td><td></td><td></td><td></td><td></td><td></td></tr>
<tr><td></td><td></td><td></td><td></td><td></td><td></td><td></td><td></td></tr>
</table>

表 2-4 業務部門需求調研——隱性需求（訪談）

<table>
<tr><td colspan="4">訪談表</td></tr>
<tr><td>訪談人</td><td></td><td>訪談時間</td><td></td></tr>
<tr><td rowspan="6">業務現狀</td><td>當前所在業務部門的資料分析方式</td><td colspan="2"></td></tr>
<tr><td>提交給 IT 部門的是什麼方面的需求？耗時情況如何</td><td colspan="2"></td></tr>
<tr><td>部門的 OKR、專案進展等日常業務是透過什麼方式進行資料監控的</td><td colspan="2"></td></tr>
<tr><td>自己會分析哪方面的資料？採用什麼工具？維度、指標的分析方法有哪些</td><td colspan="2"></td></tr>
<tr><td>除當前分析的內容之外，還想分析哪些內容</td><td colspan="2"></td></tr>
<tr><td>……</td><td colspan="2"></td></tr>
<tr><td>業務痛點</td><td>當前分析方式帶來哪些不便</td><td colspan="2"></td></tr>
</table>

在完成這些需求調研後，可以依據場景維度指標化與資料系統化的原則，對收集的所有場景需求進行總結。舉例來說，某時尚企業的 BI 專案團隊對各個業務部門進行需求調研後，根據類型、需求指標、指標定義和公式、資料粒度商品 / 通路、資料頻度、資料來源等維度，將需求總結為如圖 2-3 所示的 Excel 表格，並且在場景維度指標化的基礎上，對資料表進行梳理，最終形成企業的資料指標系統。

分析板块	类型	编号	需求指标	指标定义和公式	数据粒度商品	数据粒度渠道	数据频度
	通用		占比分析			店铺、客户、大区、片区、渠道、等	
	通用		同比分析	本期／去年同期		店铺、客户、大区、片区、渠道、等	
	通用		环比分析	本期／上一期		店铺、客户、大区、片区、渠道、等	
	通用		SPU数	分级别物料级统计个数		店铺、客户、大区、片区、渠道、等	
	通用		SKC数	分级别物料到色统计个数		店铺、客户、大区、片区、渠道、等	
	通用		SKU数	分级别物料到款统计个数		店铺、客户、大区、片区、渠道、等	
	通用		TOP排名	前N排名		店铺、客户、大区、片区、渠道、等	
	出库		指标额	出库指标		客户、大区、片区、渠道、等	
	出库		数量	大仓实际出库量		客户、大区、片区、渠道、等	
	出库		成本金额	大仓实际出库		客户、大区、片区、渠道、等	
	出库		返利前金额	大仓实际出库		客户、大区、片区、渠道、等	
	出库		返利后金额	大仓实际出库		客户、大区、片区、渠道、等	
	出库		折扣率	大仓实际出库		客户、大区、片区、渠道、等	
	出库		毛利率	返利后金额－成本金额／成本金额		客户、大区、片区、渠道、等	
	出库		退货率	退货量／出库数量		客户、大区、片区、渠道、等	
	出库		贡献率	占比情况		客户、大区、片区、渠道、等	
	出库		达成率	实际出库金额／指标金额		客户、大区、片区、渠道、等	
	销售		零售指标额	门店零售指标		店铺、客户、大区、片区、渠道	年季月周日
	销售		零售数量	实际零售数量		店铺、客户、大区、片区、渠道、等	年季月周日
	销售		零售金额	实际零售金额		店铺、客户、大区、片区、渠道、等	年季月周日
	销售		零售达标率	零售金额/零售指标额		店铺、客户、大区、片区、渠道、等	年季月周日
	销售		吊牌价	产品主数据定义		店铺、客户、大区、片区、渠道、等	年季月周日
	销售		吊牌额	零售数量*吊牌价		店铺、客户、大区、片区、渠道、等	年季月周日
	销售		折扣率	零售实际折扣		店铺、客户、大区、片区、渠道、等	年季月周日
	销售		经销价	产品主数据定义		店铺、客户、大区、片区、渠道、等	年季月周日
	销售		经销额	零售数量*经销价		店铺、客户、大区、片区、渠道、等	年季月周日
	销售		毛利额	（零售金额-经销金额）		店铺、客户、大区、片区、渠道、等	年季月周日
	销售		毛利率	（零售金额-经销金额）/经销金额		店铺、客户、大区、片区、渠道、等	年季月周日

圖 2-3 某時尚企業業務部門需求總結範例

2. 調研資料品質

企業中的資料按來源主要分為業務系統資料、手工資料、外部資料等。對資料品質的調研也從這三個來源展開，本質是梳理企業已有的資料。

對業務系統資料進行調研時，專案團隊需要明確各業務系統對接人，獲取相關資料介面和資料字典，若無法獲取則需要協商，制訂應對策略。對於手工資料，專案團隊可先行收集歷史手工資料資料，此項工作可與業務部門的需求調研同步進行。對於外部資料，可參考業務系統資料的調研方式，特別注意資料的可獲取性和使用場景。

需要注意的是，在調研資料品質階段，需要清晰地定義組織架構、使用者及許可權系統等專案的核心架構資料。其中，許可權不僅包括模組功能許可權，還包括資料許可權，即不同的使用者、角色能夠看到哪些資料，例如城市銷售經理能夠看到所負責城市的銷售資料，區域銷售經理則能夠看到所負責區域的銷售資料等。

3. 設計、確認及修改資料系統

設計資料系統時主要考慮原始表和基礎寬表兩個層級，結合之前調研時所考慮的資料使用要求的最小粒度，以及分析中可能用到的維度、指標，盡可能做到對分析場景的全覆蓋，滿足各種資料粒度要求。

對資料系統的確認和修改主要包括資料維度、指標、粒度的增 / 刪 / 改，欄位含義及邏輯通訊埠徑統一。完成確認和修改之後，專案團隊還需要輸出需求調研確認書，得到專案領導委員會和各個團隊認可後方可進入下一階段。

2.2 選擇合適的 BI 工具

工欲善其事，必先利其器。BI 工具是 BI 專案的核心，選對工具，BI 專案就成功了一半。面對市場上魚龍混雜的 BI 工具，不少企業眼花繚亂，無從下手。其實，BI 工具選型說簡單也簡單，根本的原則就是兩個字：合適。

不同的企業在所屬產業、具體業務、發展和管理水準、資訊化水準、人員技術背景等方面都存在非常大的差異，照搬照抄別人的答案並不能解決問題。企業必須「量身打造」，找到最適合自己的 BI 工具。採用技術太過前端的 BI 工具，如果沒有落實場景，這些工具最終將變成 IT 部門的成本，而技術落後的 BI 工具很快就會過時，對企業發展也有很大的限制。因此，在 BI 工具選型時須慎重，走中庸之道，不保守、不激進，不盲目追求新技術。所選的工具不僅當下能發揮作用，而且在一段時間內其技術不至於過時。既關注工具本身，也要考慮企業自身實力。從場景出發選擇 BI 工具，必將帶來不錯的回報。

2.2.1 BI 工具選型要素

具體而言，關於 BI 工具選型要素，企業需要考慮的不外乎便利性、穩定性、功能、採購成本、BI 廠商的能力等幾點。圖 2-4 所示為帆軟資料應用研究院的調研資料，可以看到企業在選擇 BI 工具時，最關注的是 BI 工具是否高效、好用和便捷（69.10% 的受訪企業看重這一點）。而 Gartner 在 *Survey Analysis: Key Selection Criteria for Business Intelligence and Analytics Platforms* 報告中指出，工具的便利性對企業獲取商業價值也是排在第一位的影響要素。從圖 2-4 來看，企業對於 BI 工具的功能與穩定性的關注，比例相近，是選型時考慮的第二大要素。而採購成本並不是企業選擇 BI 工具時的主要考慮因素。另外，近三分之一的企業（佔比為 31.2%）看重廠商所提供的服務支援和學習資源，説明企業意識到 BI 工具附帶的服務和學習資源在專案的運行維護與開發中具有非常重要的影響。

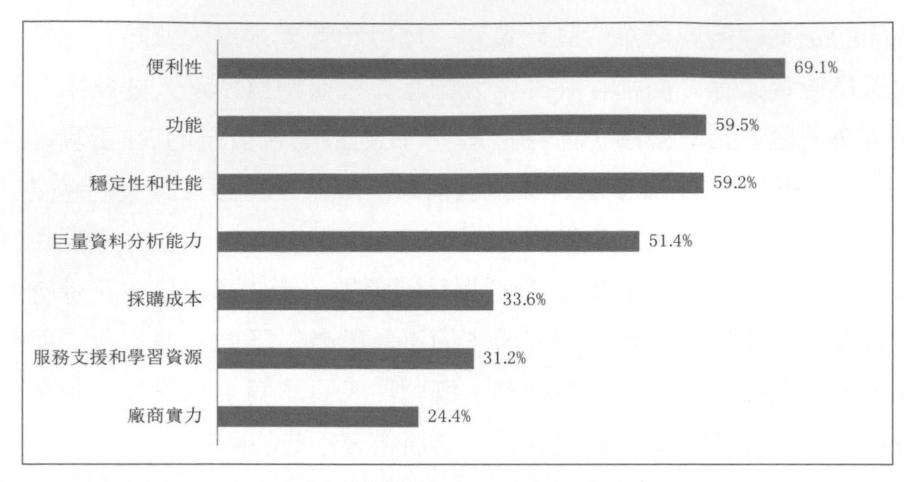

圖 2-4 企業選擇 BI 工具時的參考因素

1. 便利性

便利性決定 BI 平台的整體使用體驗，是影響使用者持續使用的首要因素。具體來說，BI 工具的便利性主要表現在上手難度、互動體驗、學習資源豐富度等方面。

很多 BI 工具都有「零編碼設計」的理念，目的是最大限度地降低使用者的上手難度，能用視覺化介面實現的操作，堅決不寫程式，能用滑鼠拖、拉、拽操作實現的分析，堅決不用函數，大大降低了學習門檻和成本。

由於使用 BI 平台的人員職能各有不同，各方面素質也有不小差別，因此對不同的使用物件，BI 平台的互動體驗是否足夠好，是否能滿足他們的需求就非常重要。舉例來說，開發者是否能快速建立資料模型，做好資料前置處理；業務人員是否能在無技術基礎的情況下快速進行自助分析，洞察業務問題；平台管理員是否能夠迅速建立完整的許可權系統，方便地管理整個平台，如對角色的管理，對組織架構的管理，對許可權的管理，對分析範本的管理等。

最後是學習資源的豐富程度。與手機等不需要說明書即可操作的工具來說，BI 工具還達不到這種好用境界，畢竟它更多時候被用於開發。如同 Excel 一樣，要想成為 BI 工具高手，實現更深入的資料分析，還是需要學習的。所以，便利性還要求 BI 工具為使用者的學習提供方便，也就是提供多種多樣的學習資源，例如說明文件、教學視訊、技術方案、問答等。這些附加內容幫助使用者在快速入門後進一步提升對 BI 工具的應用能力，也為企業創造更多的資料應用價值。

2. 性能

BI 工具的性能決定 BI 平台的運行速度與運行品質，不僅要快，還要穩定。巨量資料時代，企業資料的量級不可同日而語，能支撐巨量資料也是對 BI 平台的關鍵要求。大部分公司會透過 Hadoop、Spark 等巨量資料架構，配以 BI 工具做資料層面的分析，架設一整套巨量資料分析平台。巨量資料分析很關鍵的一點便在於性能：取數快，分析回應快，能即時處理資料。這些性能特徵除了與平台的底層技術架構相關，與 BI 工具的性能也有很大關係。

很多人可能認為 BI 工具就是一個資料展現工具，從前端看起來沒有什麼技術含量，但其實 BI 工具的前端展示功能只是冰山一角，其背後的邏輯十分複雜，實現難度也很大。好的 BI 工具都有與之搭配的資料引擎，其作用一方面是提升資料回應的性能，例如巨量資料量下的快速計算；另一方面是根據不同的資料量級和類型，靈活地調整計算模式和方案，比如對小資料快速讀取，對巨量資料進行分散式平行運算，對節點資料即時展現等。例如 FineBI 的 Spider 引擎之所以能做到億級數據秒級展現，是因為其配備的不同策略和高性能演算法能夠靈活高效率地支撐前端的高性能分析。

BI 工具還要保證穩定性，頻繁當機和故障對企業來説是難以承受的。曾有企業採購某廠商的 BI 工具後，因為頻繁當機而使得企業的整個 IT 環境都受到影響，最終不得不撤出採用了該產品的系統，不敢再部署到生產環境中。最後的解決方案也只能是更換 BI 工具，所以穩定性也是 BI 工具選型時必須考慮的性能特徵。

3. 功能

BI 工具的功能許多，不同企業的需求也不同，但是有幾個核心功能是必須具備的，包括資料準備、資料處理、資料分析與視覺化、平台控管、場景需求轉換等。整體來看，考慮 BI 工具的功能時，一定要符合強大、靈活、好用、安全、視覺化程度高的特點。

（1）資料準備。資料準備是指將原始資料讀取到 BI 平台並進行基礎的管理和建模，為後續的分析奠定基礎，具體包括資料存取 / 連接、資料管理等環節。

BI 工具要允許使用者連接到本地和雲上各種類型儲存平台中的結構化和非結構化資料。主流 BI 工具都支援將資料儲存到本機伺服器，以提高 BI 平台存取性能和資料安全性，減小對業務系統即時直連取出資料的壓力，避免因數據提取而導致業務系統當機。同時，BI 工具也提供直連資料庫和資料倉儲的功能備用。表 2-5 列出了 BI 工具需要支援的主流資料類型。

表 2-5 BI 工具需要支援的主流資料類型

類 型	常見資料庫 / 資料檔案格式
巨量資料平台	Apache Kylin、華為 FusionInsight、華為 DWS、Apache Impala、Hadoop Hive、Spark、Amazon Redshift、Presto 等
傳統關聯式資料庫	Oracle、DB2、SQL Server、MySQL、Informix 等
分析類型資料庫	Vertica、Greenplum、SAP HANA、阿里雲 ADS 等
NoSQL 資料庫	MongoDB
多維資料庫	BW、SSAS、Essbase
檔案資料來源	Excel 檔案（.xls/.xlsx）、純文字檔案（.txt）、逗點分隔對應值檔案（.csv）、XML 檔案（.xml）
程式資料來源	Java API、Hibernate 資料來源，支援 Web Service、SOA 等標準的資料

除了儲存和連接資料外，某些企業還有補錄資料的需求，因此部分 BI 工具也提供了資料填報功能，允許企業輸入業務系統之外的資料。

BI 工具也常以業務套件的形式對資料進行管理，讓使用者可以根據不同的業務套件主題對資料分類，提供資料相關的各種資訊。使用者可以透過血緣分析、更新資訊等內容和連結建模等操作，更進一步地瞭解和管理自己所擁有的資料。

（2）資料處理。在企業中，分析人員對於資料處理的需求靈活多變，並且經常需要對不同業務系統的資料根據相同的維度或屬性進行連結分析，IT 部門提供的對資料的基本處理功能和基本的連結關係並不能完全滿足需求。

舉例來說，分析人員要根據公司產品銷售明細資料分析使用者的特徵，並調整對應的銷售策略。這個時候就需要基於銷售清單資料，計算對應的分析指標，比如每個使用者的消費頻次、單筆消費最大金額、最近兩次消費的時間間隔。這就要求 BI 工具提供資料處理功能（例如新增列、分組統計、過濾、排序、上下合併、左右合併等），讓使用者能以極低的學習成本將資料處理成自己需要的結果，也讓 IT 部門更專注於準備基礎資料的工作，將資料分析與處理的任務交給更熟悉業務的分析人員。帆軟自助式 BI 工具 FineBI 創新地提出了「自助資料集」的概念（即使用者用於自行處理資料的資料集），業務分析人員只需要點擊「選取資料表和欄位」選單項，執行對應的操作，就能處理基礎資料表，得到後續進行視覺化分析所需的資料集。

（3）資料分析與視覺化。BI 中的資料分析與視覺化有多種需求類別，例如視覺化探索分析、製作儀表板、製作固定報表等。

其中，視覺化探索分析需要針對分析人員，讓他們能夠以最直觀快速的方式，瞭解自己的資料，發現其中的問題。使用者只需要進行簡單的拖曳操作，選擇需要分析的欄位，幾秒內就可以看到想要的資料，透過層級的收起和展開，下鑽上卷，可以迅速瞭解資料的整理情況。這對 BI 工具的多維分析和視覺化圖表等功能有非常高的要求。

儀表板的目的在於讓使用者將多個分析內容組合成一個展示面板或報告，並基於面板監測關鍵指標，定期匯報工作，將使用者從手工處理 Excel 檔案、製作 PPT 文稿中解放出來。因此，使用者利用儀表板應該可以隨時透過篩選器過濾資料，可以透過元件聯動功能實現連結分析，還可以透過跳躍功能將多個儀表板組合成一個更大的分析主題等。此外，作為展現資料主題的容器，儀表板還應提供自我調整佈局、主題顏色與樣式設定、豐富的元件樣式等，讓使用者可更進一步地展示和表達資料分析的想法和結果。

對於固定報表，BI 工具需要提供不同表格樣式和複雜格式的設計能力。

（4）平台控管。在所有的功能之上，依靠 BI 工具的平台控管功能，企業可以建成資料分析系統，方便地管理儀表板與使用者，以及對系統進行個性化設定，進而支援各種業務主題分析。具體來説，平台控管需要提供給使用者統一存取、集中管理、分類維護三大功能。

- 統一存取：提供統一的應用存取門戶，透過對使用者角色和許可權的控制，使不同角色的使用者能夠透過一個門戶系統看到符合自身需求的儀表板視圖，使用儀表板功能。
- 集中管理：對於資料決策系統中的系統資源、系統組態、監控記錄檔、使用者、許可權、儀表板範本、定時排程等內容提供統一的管理環境，方便使用者日常管理。
- 分類維護：在整合和規範儀表板資料的基礎上，為不同類型儀表板提供對應的開發手段，採取統一的儀表板範本化訂製和發佈方案，簡化其維護工作，降低此項工作對 IT 人員的依賴。

（5）場景需求轉換。除了 PC 端應用以外，不少企業還會有資料大螢幕、行動端應用等場景需求。因此，BI 工具要具備場景需求轉換的能力，在不同的終端場景中有較好的自我調整性和穩定性，以滿足不同人群、環境和場景下的多樣化需求。

4. 採購成本

BI 工具選型通常會受到財務預算的限制，因而採購成本也是不少企業在選型時重點考慮的因素。然而，對採購成本的控制不等於簡單的報價和還價，價低者為最佳，還包含對很多隱性因素的考量。企業需要格外注意兩點：一是綜合考慮各項成本，二是學會用 ROI（Return On Investment，投資回報率）模型量化價值。

每個企業都想花最少的錢買到最好的 BI 工具，然而很多企業忽略了總成本領先原則，並沒有對成本進行綜合考慮，而僅看到顯性的採購成本。這樣很容易導致雖然採購時省了不少錢，但最後加上其他隱性項目反而成本更高。這裡需要提醒的是，企業採購和應用 BI 工具（產品）的成本通常包括：許可證的購買成本（初始的採購成本，年費模式下還包括續費成本）、實施成本（初始的實施成本和持續的運行維護成本）、廠商服務費用（產品升級與技術支援費用），以及產品的學習和使用成本等。在滿足需求的前提下，企業在選型時不能侷限於絕對的低許可證成本，而是要綜合考慮，追求相對的總成本領先。「節省下來的成本都是純利潤」，採用總成本領先的選型評估方式，企業才能真正做到既省錢又省心。

這裡舉一個關於 BI 工具選型的反面例子。某金融機構計畫架設業務自助分析平台，在完成前期方案交流、POC（Proof of Concept，概念驗證）測試之後，計畫購買包括 BI 工具在內的多套工具，同時專案週期預計為 10 人月（10 位專案成員工作 1 個月），並準備投入近百萬元的預算。在最後的投標環節，因為遵循價低者得的原則，某 BI 廠商列出的 8 萬元方案得標。該金融機構當時覺得性價比非常高，但是等到專案啟動時，BI 廠商一開始承諾提供給企業的人員品質、工具功能等均無法兑現。最終，該金融機構支付首款後便終止與這家廠商的合作，專案夭折，等待後續重新啟動。從這個案例可以看到，該金融機構陷入了低價陷阱，「賠了夫人又折兵」，既浪費了財力，又影響了專案進度。這樣的結局，也就談不上節省成本了。

Gartner 在 *Survey Analysis: Customers Rate Their Business Intelligence Platform Ownership Cost* 報告中的分析結果，也表現總成本領先原則在 BI 工具選型中的必要性。報告指出，隨著時間的演進，低許可證費用並不表示較低的 BI 平台持有成本，也並不一定能帶來更高的商業收益。報告還發現，由於許可證費用低而被廣泛採購的開放原始碼平台，反而因較高的 IT 全時當量（Full-Time-Equivalent，FTE）費用，平均每個使用者的 BI 平台三年持有成本卻是最高的。因此，Gartner 在報告中對 BI 工具採購成本的評估列出了以下幾點建議：

- 評估 BI 廠商時，要從功能需求、使用其產品後獲得的商業收益和潛在業務收益等方面綜合考慮成本。
- 不要只關注初始價格談判，還要關注 BI 工具部署規模增長所帶來的增量定價成本，以及隨時間演進而增加的 BI 平台維護成本。
- 在考慮從一個價格較高的 BI 工具轉移到一個總成本較低的工具時，要評估轉換成本。

綜合考慮成本就一定能選到高性價比的 BI 工具嗎？答案是不一定。為什麼這麼說，因為綜合考慮成本只能讓企業花較少的錢，但並不一定保證能為企業帶來更大的價值。這時就需要採用 ROI 模型來衡量了。ROI 瞭解起來非常簡單，就是指投資回報率，或投入產出比，用預測的量化價值除以成本即可得到。這裡的量化價值除了節省的人力成本等顯性經濟收益外，還包含一些隱性的管理收益，例如效率提升、職能轉變、員工能動性增加等。相對於只看成本，ROI 模型則更加科學，如果 ROI 較高，那麼 BI 工具也就選對了。

不過話說回來，企業的投入也不是沒有限度的。在有限的投入下，綜合考慮採購成本，並以 ROI 模型量化 BI 工具的產出價值，能夠幫助企業弄清楚自身到底需要什麼樣的 BI 工具。如果有較高的 ROI，適當增加採購預算也不失為正確的選擇。

5. BI 廠商的能力

除了前面列出的工具相關要素外，BI 廠商的能力也是選型時需要考慮的重要方面。畢竟從某種意義上來說，BI 廠商的能力決定著 BI 工具的優劣。在廠商層面，主要考慮品牌、服務和解決方案三個要素。

（1）品牌。品牌是 BI 廠商整體實力、市場佔有率、使用者認可度和口碑的綜合表現，無論買什麼，選前幾名品牌總沒錯。在 B2B 領域，品牌就是廠商的形象。關於 BI 廠商品牌的評估，可以先看廠商的營運方式，比如是整合式服務還是組合式服務，再看廠商的經驗和累積的口碑，比如是否有許多的成功案例，是否給企業客戶帶來了很大的價值。

（2）服務。很多人都將關注重點放在 BI 產品的能力上，而忽視了 BI 廠商服務的重要性。其實，一旦 BI 產品在使用中出現問題，如果廠商無法提供服務，企業就需要再投入成本進行後期維護，這項工作極其困難而繁重。因此，在選型時要充分考慮廠商是否提供當地語系化服務，是否能快速回應，是否有完整的問題解決機制等，並且還要考慮對於企業一些特定的需求，廠商是否能提供服務支援對 BI 產品的延伸開發。

（3）解決方案。解決方案也是 BI 廠商能力的重要表現，是否擁有具體產業的解決方案反映出廠商對該產業的 BI 應用是否累積了豐富經驗，對產業特點是否有較為透徹的瞭解。完備的產業解決方案能夠幫助企業精準定位業務問題，對症下藥，得到的效果自然也就更好。

將以上選型要素作為指標，可以製作成一張 BI 工具選型評分表，如表 2-6 所示。企業在選型時針對每個指標項，考慮 BI 工具的優勢、劣勢以及需要進一步瞭解的情況，根據評估維度評分後再按照權重計算總分。當然，企業也可以根據自身的選型需求對表格進行調整。

表 2-6 BI 工具選型評分表

比較項		優勢	劣勢	需要進一步瞭解的情況	得分	權重
便利性	上手難度					
	互動體驗					
	學習資源豐富度					
性能	速度 / 支援的資料量級					
	穩定性					
功能	資料準備					
	資料填報					
	資料處理					
	資料分析與視覺化					
	平台控管					
	需求場景切換					
採購成本	綜合成本					
	ROI					
廠商能力	品牌					
	服務					
	解決方案					

除了前面提到的各項選型要素外，巨觀經濟環境對 BI 市場也有較大的影響，這也是在 BI 工具選型時需要納入考慮範圍的因素。

2.2.2 企業 BI 工具選型案例

BI 工具選型要素那麼多，一方面需要控制成本，而另一方面 BI 工具各有所長，企業在選型時不可能所有需求都照顧到，只能根據自身核心需求來權衡，做出最合適的選擇。下面我們介紹兩家企業的 BI 工具選型案例，看看他們是如何提煉需求並確定主要選型要素的。

❑ 案例一：某醫院

隨著業務的發展和智慧型手機的普及，該醫院的臨床和管理部門對於報表的多維度展示、資料鑽取及行動端支援的需求越發明顯，而醫院的電腦中心也一直缺乏有效手段來滿足這些需求。經過兩周的調研，該醫院發現四大問題尤為突出：

- 業務經營資料都是用明細表格展現的，難以一目了然，缺乏豐富的視覺化圖表。
- 業務報表不能在行動端展示，但院內工作人員對在行動端看報表、做分析的需求十分強烈。
- 資料有斷層，無法進行連結和鑽取。
- 缺乏動態的視覺化大螢幕，院內通知靠廣播，互動靠電話，效率太低。

而且，醫院高層還規劃了建設數位醫院、智慧醫院的長遠目標，需要利用資料中心的資源分析科學研究、運行維護等工作的開展情況，但缺乏現代化的資料分析展示工具。

根據上述需求，醫院最終提煉出便利性、展現能力、行動端支援、價格等四個評價指標用於 BI 工具選型。

（1）便利性。醫院業務變化快，患者和醫務人員的新需求較多，只有好用的工具才能進行高效的開發。

（2）展現能力強大。醫院高層明確提出要放棄現有的簡陋表格形式，採用有更多圖表和互動效果的系統，還要滿足現在和未來五年的業務需求，有強大的資料展現能力。

（3）100% 支援行動端。BI 工具要支持原生 App、App 整合和微信公眾號整合。醫院有自己的企業微訊號，日常辦公均能透過企業微信完成，所以新的資料分析平台必須整合到微信端。如果不能和微信整合，那麼資訊的推送實現起來就比較麻煩，將來就有可能限制資料分析平台的應用。同時，醫院還有自己的 App，App 整合功能也必不可少。

（4）價格合理。BI 工具和廠商服務的最終價格要在醫院年度預算範圍內，並且整體方案要能帶來最大的潛在收益。

❑ 案例二：某大型汽車製造企業

該企業的資訊化建設已經非常成熟，有高效的協作辦公系統、資源管理系統、生產製程系統、生產協作系統、行銷管理系統、品質管制系統、使用者體驗調研系統等，要在這些系統的基礎上建設 BI 系統。企業的戰略規劃要求 BI 系統能夠驅動生產和營運，其他業務部門對 BI 系統也抱有很大的期望，該企業為此建立了多重選型指標，並按重要程度逐級排序，主要指標包括以下四點：

（1）軟體學習成本。如果學習成本太高，專案進度會嚴重落後，因此該企業要求 BI 工具一定是容易學習、能快速上手的。在選型時，IT 部門會對各種 BI 工具進行測試，將學習成本低的工具挑選出來，再由 CIO 做進一步的選擇。

（2）功能。為了回應企業的戰略規劃，BI 工具必須能對接及整合現有的業務系統，同時支援後續的擴充。BI 工具必須支援資料獲取、行動應用、資料大螢幕，以及多樣的表格與圖形等功能。

（3）BI 廠商的技術服務能力。該企業根據多年的資訊化建設經驗，認為在 IT 專案中，軟體工具本身對專案成功的貢獻不足 40%，而軟體廠商的技術服務能力才是專案成功的關鍵。因此，該企業對 BI 廠商的技術服務能力也特別重視，例如最好有一對一的人工技術支援、繁榮的生態圈討論區、專題文件和視訊等。

（4）部署和運行維護成本。企業的業務發展很快，希望員工能更專注工作上的創新，節省部署和運行維護 BI 系統的人力成本。因此，部署是否快速便捷，運行維護成本是否較低也是該企業考慮的重點指標之一。

儘管兩家企業評價 BI 工具的主要參考指標不完全相同，但是可以看到這些指標都是由企業現狀衍生出的需求所決定的，這也印證了我們在 2.2 節開頭提到的，BI 工具選型根本的原則就是合適。不管什麼樣的 BI 工具，適合企業的、能切實解決企業問題的就是好的 BI 工具。

2.3 做好專案規劃與實施方案

專案規劃和實施方案是保障專案落實的首要環節。好的專案規劃能有效提升開發人效，縮短專案週期，實現專案預期目標。做專案規劃時，要杜絕「一口氣吃成一個胖子」的心態，應該先易後難，穩紮穩打。圖 2-5 所示的某銀行決策系統的專案規劃，就是從提供基礎資料，到業務應用，再到決策支援系統建設，最終達到價值鏈管理的目的的。專案的一期便只聚焦高效上報 / 填報、資料自動化處理、主資料架設、快速展現報表等需求。這就是很明智的，能有效控制專案風險。

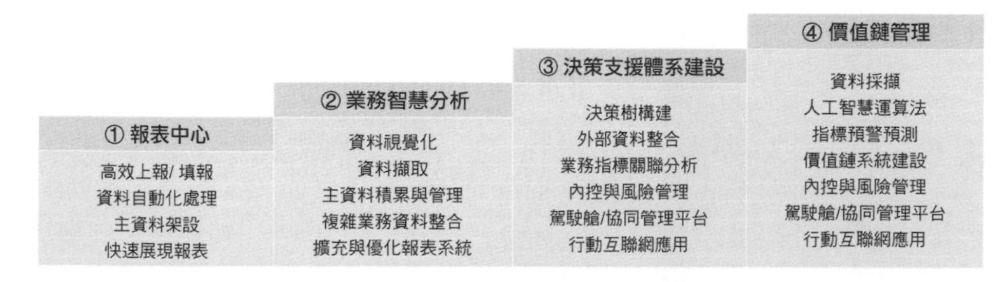

圖 2-5 某銀行決策系統的專案規劃

圍繞專案規劃，企業需要確定三件事：做什麼、誰來做，以及怎麼做。下面我們一一說明。

2.3.1 做什麼：確定專案範圍

專案規劃的第一步是根據專案需求和目的確定專案範圍，這時在專案初期收集和明確的需求就派上用場了。對專案管理者而言，只清楚專案範圍的含義是不夠的，最重要的是正確、清楚地定義專案範圍。如果專案範圍劃分得不夠明確，會直接導致專案內容意外變更，有可能造成專案最終成本提高、進度嚴重延遲、偏離原定目標，以及影響整個專案發展和專案團隊成員積極性等不良後果。具體來說，專案範圍包括組織、功能、業務、資料、介面等 5 個方面的範圍。

（1）組織範圍框定的是實施專案的主體，企業需要明確當期專案是否只需要在總部實施還是要在總部和所有子公司都實施，實施的內容又涉及哪些業務部門。

（2）功能範圍指 BI 專案所包含的功能模組及具體功能，如表 2-7 所示。IT 開發人員可以根據功能範圍提前學習和掌握 BI 工具，在做開發時更有針對性、更高效。

表 2-7 BI 專案功能範圍範例

編號	模組	模組功能
1	基礎模組	多 Sheet 報表設計
		參數查詢
		範本許可權整合
		列印 / 匯出
		遠端設計
		圖表進階互動
2	儀表板	決策報表模式
		聚合報表模式
		資料分析
4	門戶	決策平台
		定時排程
		智慧運行維護
		集團許可權控制
		簡訊平台

編號	模組	模組功能
5	進階圖表	地圖
6	行動端	行動決策平台
		行動 BI 視覺化
		App 打包
7	擴充功能	延伸開發
		整合外掛程式

（3）業務範圍描述企業需要透過 BI 系統實現的日常業務處理和分析任務，主要對業務模組、分析應用、分析維度、分析形式等內容進行定義。

（4）資料範圍包括資料來源範圍和資料連結規則等，其中資料來源範圍不僅描述資料來自哪裡，還包括對來源資料的瞭解、來源資料品質保障、資料取出等。表 2-8 列出了確定資料來源範圍的範例。

表 2-8 確定資料來源範圍

資料來源	簡 介	覆蓋業務	資料字典提供	來源資料品質保障	資料取出處理
XXXX 系統	人事系統	人事	XX 公司	XX 公司	供應商
XXXX 系統	生產系統	生產	XX 公司	XX 公司	供應商
XXXX 系統	營運系統	營運	XX 公司	XX 公司	供應商
XXXX 系統	會員系統	會員	XX 公司	XX 公司	供應商
填報	採用填報方式輸入財務資料	財務	供應商	供應商	供應商
主資料系統	XX 提供的主資料模組	—	供應商	供應商	供應商

(5) 介面範圍則考慮 BI 系統是否需要嵌入企業的其他資訊系統，並實現單點登入等功能，如果需要，還應明確系統介面方式，例如由誰提供，誰設計，誰開發等。

2.3.2 誰來做：組建專案團隊

專案團隊是企業 BI 專案建設過程中的「大腦」，分工明確、配合有序的專案團隊是專案成功的關鍵。由於 BI 專案的建設涉及企業內部多個部門，需要高層管理者與業務部門的認同及參與，因此專案團隊通常以幾位企業高層管理者為核心，設立專案領導委員會來統籌整個專案，其他成員則由企業 IT 部門負責人帶領，與各部門對接人一起，設立不同的小組，全程參與 BI 專案的規劃與實施。

專案團隊的角色分為團隊領導者、業務精通者、方案設計者、技術落實者等 4 大類。每一種角色又可以進一步細分，例如技術落實者可以包括資料倉儲（簡稱數倉）開發團隊與應用程式開發團隊等。具體的角色以及對應職責可以參考表 2-9。如果企業採用引入 BI 廠商或外包商的方式來建設 BI 專案，就需要根據企業、BI 廠商或外包商的實際情況來組建專案團隊。不過需要注意的是，專案領導委員會都需要企業自己派遣成員設立，以保證對專案的整體把控。

表 2-9 BI 專案團隊中的不同角色

角 色	職 責	成 員
專案領導委員會	專案最高領導團隊，負責指導專案方向，進行關鍵決策，確保專案在企業內的權威性	可由 CEO、分管資訊化的 VP 或對應業務口的 VP 組成

角色	職責	成員
顧問團隊	負責 BI 系統架構、需求規劃、流程規劃的全過程技術與業務指導	CIO/CTO、系統架構師、業務總監、產業諮詢顧問
專案經理	定義、計畫、協調、控制和檢查所有的專案活動，追蹤和報告進度，解決技術和業務問題，指導團隊成員跟 BI 廠商、業務人員、專案發起者談判等	專案經理
資料管理團隊	負責設計與監控專案所需要的資料庫環境、制定資料標準、分析資料品質	資料庫管理員、中繼資料管理員、資料品質 / 安全管理員
數倉開發團隊	負責資料倉儲建設過程中的 ETL 開發、主題維度建模等	ETL 工程師、資料建模工程師
業務分析團隊	參與業務維度模型的開發，提供資料定義，寫測試案例，定義業務需求，在業務人員和 IT 人員之間架起溝通的橋樑	業務需求分析師、業務代表
應用程式開發團隊	負責前端報表和查詢的開發，以及資料分析和採擷	報表 /BI 工程師、資料採擷專家
品質控管團隊	負責過程改進和品質保證，負責系統開發、發表、上線各個環節的測試任務	QA 工程師、測試工程師
教育訓練支援團隊	編寫和發佈教育訓練材料，為關鍵使用者提供教育訓練和技術支援	技術支持、解決方案推廣師

2.3.3 怎麼做：設計實施方案

專案實施方案是在專案開展後為規範專案開展過程而制定的指導性方案，它定義了專案的進度安排、業務和技術方案、關鍵產出、發表標準及各環節中可能需要的控管措施等，是專案實施過程的行動指南。

總結起來，專案實施方案中應包括 3 項主要內容，即專案計畫、藍圖方案和專案管理方法。

1. 專案計畫

專案計畫是對專案進度的安排，即什麼時候做什麼或完成什麼，主要包括里程碑計畫、主計畫和詳細計畫。這三個計畫逐層細化專案工作並檢驗各項任務的完成情況，控制專案的進展，保證總目標的實現。其中，里程碑計畫處於最高地位，核心是找準里程碑。一般情況下，BI 專案的里程碑計畫如表 2-10 所示。

表 2-10 BI 專案里程碑計畫範例

專案階段	立案	藍圖	實施	試運行	初驗	終驗
計畫時間						

2. 藍圖方案

前文提到，企業建設 BI 專案時需要收集和明確詳細需求，藍圖方案是經過詳細調研後擬定的具有實際指導意義的文件，可以將它瞭解為更具體的解決方案，即將解決方案中的各種框架細化到可設計、可執行的粒度。對藍圖方案有兩大要求，即可行性與全面性。

可行性指藍圖方案的整體設計符合企業業務發展的需要，不能過於理想化，要考慮實施的難度。全面性則指專案團隊不能侷限於單一模組，而要在專案實施範圍內解決企業的關鍵問題，並且考慮系統後續的可擴充性。

專案的藍圖方案一般包括 3 個部分，即整體方案、系統環境方案和詳細方案。

（1）整體方案包括業務、技術和資料三個方面。業務方案主要是基於業務需求分析結果，設計業務分析模型，例如財務和人力等部門的分析系統、美工特色、報表許可權系統等，可直接提供業務系統原型供企業參考。一般的業務方案為：首先準備資料來源介面；再到資料處理層，架設基礎資料平台和業務分析平台，梳理各個業務板塊的內容；最後，架設決策管理平台，透過報表、駕駛艙、行動端、大螢幕等多種方式展示資料，達到最終目標——資訊共用、資訊對稱。圖 2-6 為某地產集團 BI 專案藍圖方案中的業務方案。

決策管理平台
經營會議 專案貨值 投資管理 銷售管理
職能分析 財務資金 開發營運 物業商業
綜合分析及時決策

業務分析平台
集團 公司 專案 分期
戰略資訊 銷售回籠 貨值管理 計劃管理
財務管理 資產負債 現金流 利潤分析
成本管理 目標成本 合約規畫 動態成本
資金營運 融資管理 擔保管理 資金收支
資本營運 股權變動
人事行政 人員匯總 職務變動 統計分析
審計監察 目標達成 品牌推廣 貸款周轉
法務合規 利潤分析 承接查驗 物業服務
商業物業 資產分析 收入分析 費用分析

豐富的呈現載體：電子大螢幕 行動端 BI表單 彙總表 明細表
多樣的分析圖表：經營地圖 儀表盤 紅綠燈 走勢圖 組合圖

全方位、多元化產業資料分析、監控平台

基礎資料平台
明源ERP 財務NC 資金保融 人事EHR 主資料 → ODS → BI資料倉庫 EDW ← ODS ← 主資料 物業 商業 指標填報

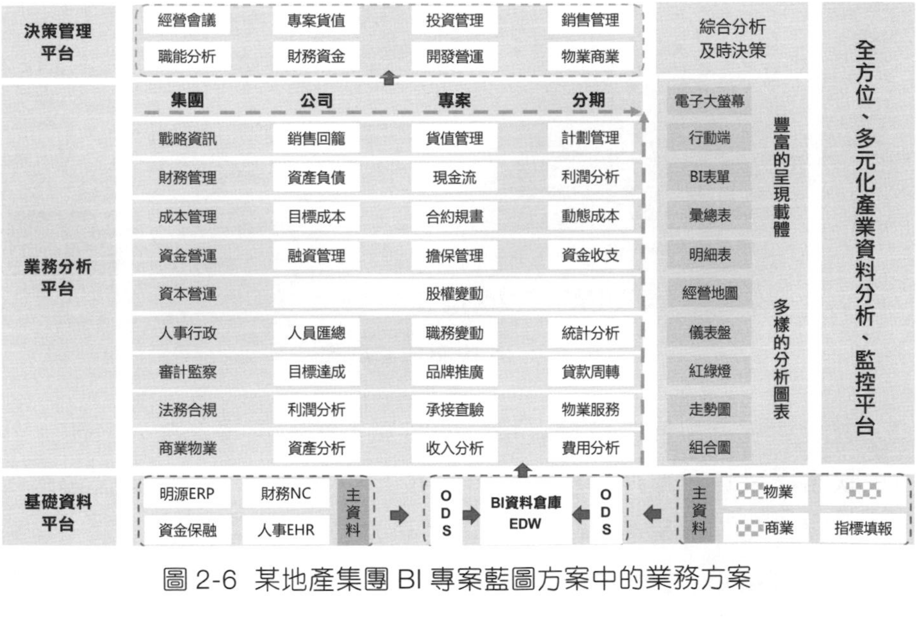

圖 2-6 某地產集團 BI 專案藍圖方案中的業務方案

技術方案是支撐業務分析的整體技術框架，包括特殊技術預演結果、相關程式整合等內容。BI 專案的技術架構一般如圖 2-7 所示。首先，利用 ETL 工具取出業務系統的明細資料，進行資料轉換之後，載入企業資料倉儲。接著，在資料倉儲的基礎上形成資料集市，用於企業不同主題業務資料的整合分析。最後，利用 BI 工具在不同門戶與終端上實現儀表板、固定報表、自助分析等功能。

資料方案則包括對資料獲取方式、資料血緣關係的梳理與描述，以及資料校對功能的設計、資料校對策略的制訂等。

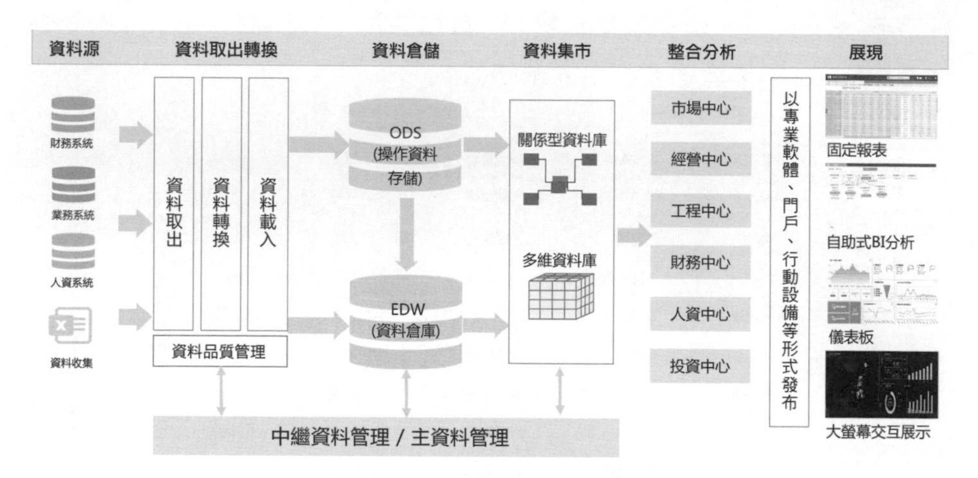

圖 2-7 BI 專案技術架構

（2）系統環境方案描述軟體環境、網路與伺服器環境的設定要求。其中，軟體環境包括用戶端軟體、BI 應用、中介軟體、資料庫管理系統及作業系統等。網路與伺服器環境主要是參考 BI 系統的要求，描述 ODS（Operational Data Store，操作資料儲存）伺服器、OLAP 伺服器、Web 應用伺服器，以及整個網路的設定情況。

（3）詳細方案是在整體方案的基礎上對每個模組的方案進一步細化，例如資料倉儲建設方案、資料整合方案、資料補錄方案、資料分析平台建設方案、多平台整合方案等。企業可以根據自身的需求，在技術、業務和資料方案上進行拓展。

以資料倉儲建設方案為例，一般包括架構規劃、資料模型、資料庫災備、擴充性方案等 4 個部分的內容。其中，在架構規劃部分，需要明確資料倉儲的建設理念和建設原則。一般在設計資料倉儲時，要遵循好用、實用、高可用、靈活擴充、可靠、可設定、安全等多項原則；同時，還需要對資料倉儲的邏輯架構和技術架構進行規劃。對於資料模型，一般情況下建議採用星型模型，雪花模型則適用於維度資料表資料量較大、業務邏輯較複雜，需要節省空間和分清層次的情況。資料庫災備部分主要包含網路拓撲、硬體清單和叢集等內容，用於確定資料庫備份的方案以應對突發情況。另外，面對企業中激增的資料，在資料倉儲的基礎之上，需要用 MPP 等擴充方案來提高資料倉儲處理巨量資料的能力。

3. 專案管理方法

規範的專案流程能夠保障專案按計劃有序進行，然而專案過程中的不確定性往往會帶來各種突發情況，影響專案進度和品質，甚至可能導致專案失敗。這就需要企業建立完整的專案管理方法和制度，對專案進行整體監測和控管，保障專案成功落實。專案管理包括對品質、風險、成本、溝通、採購、人力資源等多個方面的管理，雖然在實施方案中就需要制訂好策略，但是其執行發生在專案開發過程中，因此這裡不詳細說明，將在 2.4 節對部分相對重要的內容介紹。

2.4 BI 專案開發與管理

進入專案開發與管理階段，企業的目標就是對照專案規劃和藍圖方案，開發出 BI 平台、系統或應用，並且以各種專案管理手段保障開發穩步、有序進行，從而減小風險，順利結項。專案開發與管理的細節因企業而異，因此本節僅介紹幾個正常要點，包括敏捷開發、專案風險管理、需求變更管理和專案驗收管理。

1. 敏捷開發

敏捷開發有優點也有缺點，優點在於靈活應對需求變化，快速發表，其缺點也很明顯，即需要犧牲一定的技術穩定性和美觀性。所以，企業在考慮開發模式的時候要想清楚，自身的需求是變化較快還是長期不變？如果是前者，則專案必須快速發表，如果是後者，則可以慢慢開發。舉例來說，績效類別專案就更適合敏捷開發，因為這種專案的需求一般變化頻率都很高，如果在一個考核週期內沒有完成開發，下一個週期需求肯定會發生變更。企業主管臨時提出的一些需求也是如此，由於是主管提出來的需求，IT 部門一般會盡心盡力加班加點去實現，但最後開發出來的專案，主管可能用過幾次就不用了。對於這種情況，如果採用敏捷開發，先滿足主管的需求，等到後續專案功能被持續使用，再最佳化升級會更加高效。

這裡講一個真實的案例。某電信公司開發人力績效 BI 專案，在專案初期的溝通階段，人力部門按照輕重緩急向 IT 部門提了 80 多個需求點。由於整體的需求還比較清晰，從專案實施的角度，IT 部門希望能夠按照規劃，從底層到中間層，再到前端呈現一步步來做。人力部門一開始也沒有提出異議，但是在專案開發過程中就出現了問題。對於那些不重要的需求，可以長期考慮，慢慢建置表結構，取出資料，再最佳化前端的呈現效果。但是對於比較緊急的需求，人力部門希望能儘快用上功能，所以並不管當初設定的完成日期，不時地詢問 IT 部門，讓人非常頭疼。更麻煩的是，人力部門等不及就用 Excel 等工具應急，自行解決需求。等到 IT 部門完成開發後，人力部門非常不滿意，甚至其需求已經發生變化。這給 IT 人員造成了非常大的困擾。

後來，專案團隊針對每個需求，除了設定完成日期外，又額外增加了一項初步完成時間，期望借用這個時間限制來刺激開發團隊快速完成開發。同時，專案團隊對人力部門的需求又做了一輪梳理，選擇採用敏捷開發的方式，對底層不再考慮太多完備的範式之類的問題，重點是回應前端訴求。對一些資料獲取、複雜考核表之類的需求都用 FineReport 實現，並且不糾結於樣式，直接拿著 Excel 樣表匯入 FineReport，免去製表煩惱。對於資料分析類需求，則直接採用 FineBI，透過滑鼠拖曳操作在瀏覽器端快速呈現分析結果。儘管犧牲了一定的技術穩定性和美觀性，但最後實現的效果也很好。並不是所有的資料分析任務都要求 BI 系統 24 小時不當機運行，在需求急迫的情況下，還是得採用敏捷開發。

2. 專案風險管理

任何專案都存在不確定性，因此儘管有完美的規劃做指導，但也不可不考慮不確定性帶來的風險。對風險的管理以事前管理和事中管理為佳。做專案規劃時準確預測風險，實施專案時有效控管風險，都能夠最大限度地避開風險或減小損失，保障專案最終落實。就 BI 專案而言，風險一般存在於管理、需求、資料品質、原型、硬體環境等方面，如表 2-11 所示，表中也描述了對應的避開措施。

表 2-11 BI 專案風險及避開措施

類別	風　險	避開措施
管理風險	專案中 XX 方組織鬆散，缺乏有效的協調和溝通，導致專案工作效率低下	需要公司主管密切關注，發揮強大推動作用，提高執行力，促進交流，提高效率
	目標偏差：各級人員對專案目標的瞭解不一致，存在潛在第二目標	透過教育訓練、交談等方式進行互動，在對目標的瞭解一致後進行下一步行動
	業務人員不配合：業務人員工作繁忙，無法投入足夠精力參與專案	專案實施期間，透過制度保證業務人員投入 BI 專案的時間
需求風險	專案業務分析主題不明確，可能造成專案實施寬度和深度不確定	① 對各部門加強教育訓練，組織內部討論，協調資源，組建需求採擷小組 ② 協調顧問，對業務進行梳理和啟動
	目標偏差：各級人員對專案目標瞭解不一致，存在潛在第二目標	透過教育訓練、交談等方式進行互動，在對目標的瞭解一致後進行下一步行動
資料品質	資料來源：多資料來源不一致、潛在的資料輸入錯誤	加深對業務系統的瞭解，發現資料品質問題，提出合理的解決方案
	資料缺失：系統需要的資料無法獲取或需要補錄	透過完善業務系統、延伸開發補錄系統、直接補錄等方式解決
	資訊缺失：各業務系統管理軟體的廠商無法提供資料來源字典和技術上的支援	儘量獲取技術支援，如果由於特殊原因無法獲取支援，可以由熟悉業務系統的 IT 人員和實施小組共同解決

類別	風　險	避開措施
	控制故障：資料品質控制故障，業務系統負載過重，失去對無效資料來源的追蹤	設立業務系統隔離區，生成資料取出批次記錄檔，設立時間視窗，採取資料分區控制
原型風險	原型設計：對業務瞭解不足，驗收模型的基礎維度和指標設計偏離正確方向	透過教育訓練加強雙方對業務的瞭解，以及對維度模型設計方法的瞭解
	原型驗證：過於關注報表樣式而忽略業務含義，忽視對多維模型結構的驗證	明確驗證任務，劃定討論範圍，講解模型邏輯
硬體環境	目前機房、網路及伺服器的實際情況不是很理想	在當前條件下，最佳化機房資源和網路，努力保證伺服器性能

3. 需求變更管理

專案需求與專案風險類似，前期做的需求分析再完善，受到許多不確定因素的影響，專案需求也很難保證一成不變，因此專案實施過程中經常會遇到需求突然變更的情況。既然需求的變更不可避免，應對的關鍵就在於對變更進行更有效的控制，若控制不當會對整個專案的進度、成本、品質等產生較大影響。需求變更管理同樣要求專案團隊事先做好規劃，避免需求變更時沒有完整的應對方案而影響專案整體的進度和品質。在發生需求變更時應及時做好控管。大部分的情況下，需求變更要經過變更申請、變更評估、決策、回覆等 4 個步驟，若變更申請通過則需要增加實施變更和驗證變更這兩個步驟。

需要注意的是，變更需求時一定要先申請再評估。對於發生變更的需求，首先需要辨識其是否在既定的專案範圍之內。如果變更在專案範圍之內，專案團隊應評估變更所造成的影響，並將資訊傳達給受影響的各方人員，然後再根據影響程度決定是否變更。若確定變更，就制訂對應的應對措施，解決變更的需求。如果變更在專案範圍之外，專案團隊就需要與使用者進行溝通和談判，討論是否增加費用或放棄變更。

4. 專案驗收管理

專案驗收的目的是保證專案品質，一般由各個需求方或專案領導委員會審核及驗收專案。在 BI 專案被驗收時，專案團隊除了要發表完成開發的資料應用範本，還需要發表專案過程中產生的一些資料，例如藍圖設計方案、系統測試文件、系統使用文件等。同時，驗收並不表示專案的結束，而是標示專案進入持續的運行維護支持階段。專案團隊需要對專案過程中的問題進行複盤和總結，並開始下一期專案的準備工作。

本章介紹了企業 BI 專案建設的過程和要點。要保證 BI 專案順利實施與穩步推進，總結起來就是，正確地瞭解需求，制訂合理的專案目標，選擇合適的 BI 工具，做好專案規劃與實施方案，並以成熟的方法論指導專案的開發與管理過程。但做好專案的規劃與實施對企業來說仍然不夠，因為 BI 專案的成功是諸多因素綜合作用的結果。第 3 章我們將從營運的角度分享一些 BI 專案成功的經驗。

Chapter

03

成功 BI 專案背後的營運技巧

• 本章摘要 •

- 3.1 資料治理：從源頭控制專案品質
- 3.2 業務模型：獲取更深入的資料見解
- 3.3 PDCA 閉環：持續最佳化 BI 系統
- 3.4 團隊配合：為業務部門賦能
- 3.5 高層推動：想辦法爭取主管支持
- 3.6 MVP 與資料文化：在企業內部推廣 BI 專案
- 3.7 安全性原則：保障 BI 系統安全

建設 BI 專案不難，難的是讓 BI 專案成功，專案上線後在企業中被持續使用，並帶來價值。很多企業從工具選型到專案實施，投入了大量的財力和人力，最後做出來的東西卻不是荒廢，就是沒有持續產生令人滿意的價值，這樣的專案就是失敗的。根據筆者的經驗，失敗的 BI 專案大多有以下問題：

- 專案沒有上線前需求多，上線後用得少。這是一個很常見的問題。拿報表來說，IT 部門的「表哥」、「表姐」們體會最深的就是需求太多，多到根本做不完的程度，自己絲毫沒有喘息的機會。奇怪的是，IT 部門對所開發的報表的使用情況進行統計後發現，真正一直在用的報表並沒有多少，也就是說，報表的使用率非常低。

- 不做驗證，不聽回饋。這很大程度上也是由需求太多引起的。IT 部門的時間都被需求排滿了，顧不上去驗證需求，收集回饋，最後導致悶頭開發了大量的功能，但是需要重作的也不少，反而浪費了時間。

- 資料品質差，決策不準確。資料是決策的依據，其品質決定了決策的準確性。企業可以不做資料倉儲，但是基礎的資料品質還是要有所保證的，否則根據不準確資料做出的決策會影響企業經營，甚至影響企業發展。

- 上線大吉，不做推廣。企業中的各種需求其實很多都十分相似，但是 BI 專案上線後如果不在內部廣而告之，很多部門並不知道自己的需求其實已經有對應的 BI 應用，因而會向 IT 部門再次提出相似的需求，造成重複開發。一旦陷入重複開發的泥潭，IT 部門的價值也就無法表現了。

這些問題反映了企業面對 BI 專案時在思維層面的各種誤區。下面根據企業內的不同角色挑一些典型誤區進行分析。

IT 人員的誤區主要表現在資訊化建設的想法上，舉例來說，沒有標準化就不能做資訊化，總想一步合格，解決所有問題，資訊化的目的只是為了規範流程等。具體到 BI 專案的建設上，也有以下幾個典型的誤區：

誤區一：大家都知道資料治理過程漫長，為了最終的巨大成果，IT 部門埋頭幹就行。

儘管做 BI 專案需要慢慢養資料，但是這個過程中 IT 部門也需要階段性地產出成果，以此觸發領導層和各業務部門持續的積極性，而非獨自埋頭做。

誤區二：主管認為太「燒錢」，本來就不怎麼支持資訊化專案，更不要說 BI 專案了。

這個時候 IT 人員需要站出來，帶主管多出去看看同行的 BI 專案建設成果，用主管聽得懂的話去匯報專案進度、申請預算和獲取支援。

誤區三：BI 系統只要把前端資料展示做得好看就夠了。

BI 系統前端的美觀固然重要，但前提是能讓企業把資料用起來，有效指導業務、決策和管理。另外，資料的真實、準確也應該排在展示結果好看之前。

業務人員的誤區表現在對待 BI 專案的態度上。很多時候業務部門只是提需求，向 IT 部門索取資料，而不考慮自己是不是也需要為專案付出。其實 BI 專案的成功離不開業務部門的支持，只有業務部門積極參與專案，最終做出來的 BI 系統才能解決業務痛點。不然 BI 專案對業務部門來説，就是做完了用不上，沒做好也沒關係。

前面提到，管理層的支持對 BI 專案的成功非常重要，然而現實中很多管理人員抱著「只要指標下得好，快馬也能不吃草」的心態，只談指標卻不談資源支持，最終指標的實現必然會大打折扣。

總結這些問題和誤區可以發現，要讓 BI 專案成功，使 BI 系統在企業內部真正用起來，除了選擇合適的工具以外，還要有資料、有人、有方法，這些因素對 BI 專案的成功有很大影響，也就是説 BI 專案和其他專案一樣都是需要營運的。本章就圍繞這些因素，介紹 BI 專案的營運技巧。

3.1 資料治理：從源頭控制專案品質

不少企業對 BI 系統的期待大多集中在前端展示上，比如能直觀顯示資料、靈活地調整顯示方式，能進行自助分析等，卻忽略了背後的資料基礎。所謂「資料不牢，地動山搖」，資料是一把雙刃劍，既能給企業帶來業務價值，也是最大的風險來源。企業面臨的資料問題有：資料來源通路多，責任不明確；業務需求不清晰，缺乏資料填報過程或填報的資料不準確；業務部門程式變更導致資料加工出錯，影響報表的生成等。

對 BI 專案來説，資料是非常重要的基礎，資料不準確，在此基礎上做的分析也就失去了意義。從資料到決策環節的牛鞭效應表示一旦底層資料出現問題，後續的決策誤差將越來越大，只有資料基礎穩固，資料品質及格，BI 才能為業務和管理人員提供更準確的決策支援。因此，要保證 BI 專案成功，企業首先要做的便是打好資料基礎，而方法也就是我們常說的資料治理。接下來，我們將詳細介紹資料治理的概念，以及企業如何進行資料治理。

3.1.1 什麼是資料治理

業界對於資料治理的定義沒有統一的標準。國際資料管理協會（DAMA）列出的定義為「對資料資產管理行使權力和控制的活動集合」。國際資料治理研究所（DGI）則將資料治理定義為「一個透過一系列資訊相關的過程來實現決策權和職責分工的系統，這些過程按照達成共識的模型來執行，該模型描述了誰（Who）能根據什麼資訊，在什麼時間（When）和情況（Where）下，用什麼方法（How），採取什麼行動（What）」。

簡單來說，對應柏拉圖的哲學問題「我是誰，我從哪裡來，我要到哪裡去？」，資料治理的目的也是要回答「企業的資料是什麼，從哪裡來，要到哪裡去？」。資料治理的本質是對資料的獲取、處理、使用等過程進行監管，實現企業資料維度和指標在定義、計算口徑、來源和出口上的一致性，並提供資料監控、預警、查詢、分析、展示、血緣分析以及資料溯源等能力。具體來說，資料治理涵蓋了企業資料標準、中繼資料、主資料、資料模型、資料分佈與儲存、資料生命週期管理、資料品質，以及資料安全等方面的內容，是一個長期、複雜的工程。

3.1.2 企業如何進行資料治理

絕大多數企業已經意識到資料治理的重要性。有調研資料顯示，超過一半的企業已經將資料作為核心業務，並且有正式的資料治理戰略；其他企業目前雖然沒有正式的資料治理戰略，但是已經意識到資料的價值，並準備在不久的將來開始進行資料治理。

然而，企業對於資料治理重要性的認識更多來自產業的法規要求。有調研資料顯示，產業法規要求是企業實施資料治理最大的驅動因素，排在首位。排在第二和第三位的分別是建立使用者信任及增加滿意度、加強企業資料決策，只有非常少的企業提出為了保證資料的準確性而進行資料治理。因此，企業仍然需要提高對於資料治理重要性的認識。

企業在實施資料治理的過程中也面臨不少阻礙，最大的阻礙在於專案成本。資料治理是一項艱難且長期的工程，財務成本動輒上百萬元，人力和時間成本也相當大，例如筆者的客戶某大型零售企業僅梳理資料就花費了半年之久。面對這樣的成本，不少企業望而卻步也在情理之中。第二個比較大的阻礙是企業管理層未能提供有力的支援。沒有企業高層和行政部門的支援，資料治理專案是很難做下去的，畢竟它是牽涉企業所有部門的專案。此外，缺乏合適的資料治理方法也是大部分企業的資料治理較難開展下去的原因，可以說都是在「摸石頭過河」。

下面我們就來聊一聊企業應當如何進行資料治理。在介紹資料治理方案之前，先明確資料治理的幾個原則。

1.「不騎兩頭馬，不喝兩頭茶」

所謂「不騎兩頭馬，不喝兩頭茶」，是指企業必須明確資料治理的目標和範圍，而非朝著不同的方向同時發力。那些我們能看到的企業資料問題往往只是冰山一角，模糊的目標和範圍會導致資料治理專案越做越大，越做越複雜。很多企業在做資料治理的時候，往往追求大而全，希望透過一個專案或一段時間就解決所有問題，畢其功於一役。但這樣做往往適得其反，勞心勞力，大家都不開心。主管不開心，因為錢花出去後沒有看到效果；員工也不開心，因為工作量增加了。因此，一開始就確定目標和範圍是很有必要的，要從最重要的資料開始進行治理。舉一個簡單的例子，對房地產企業來說，什麼資料最重要？是統包開發廠商、供應商的資料，還是大會員資料？其實都不是，對房地產企業來說，它的專案資料才是最重要的，所以資料治理的第一步是對專案資料進行治理，加強監測。

2. 避免垃圾進垃圾出

不要指望從垃圾資料中能提煉出有價值的資訊，對資料在源頭進行把控，遠勝於在中間過程花費大量成本去處理。BI 系統的資料來自企業各個業務系統以及一些外部資料來源，一旦源頭上有污染，後續的處理就會相當麻煩，資料最終的應用價值也將大打折扣。所以，在資料治理的過程中，一定要從源頭把好關，在源頭就進行有效的治理。源頭的資料更乾淨，BI 系統才能發揮更大的價值。

3. 資料治理不僅是 IT 部門的事情

國內企業對於資料治理有一個錯誤認知，就是 IT 部門把資料治理好，業務部門拿來用就可以了。為什麼說這個認知是錯誤的？因為在資料治理這件事情上，IT 部門更多的是提供解決方案，真正的執行者是業務部門，業務部門的參與能夠使方案更加完善，也能讓後續的資料應用更加符合業務人員的習慣。如果只是由 IT 部門來推動資料治理的話，就筆者的經驗來看是非常難的，必須由企業的高層或對應的職能部門來主導，才能將資料治理這件事情真正地做下去。

4. 資料治理也要有看得見的產出

如果沒有看得見的產出，即前端的資料展現效果，資料治理的效果便會打折扣。就算是一筆簡單的資料，做資料治理時也有非常多的邏輯，只有這樣才能保證準確輸出，但是這些邏輯使用者看不見，感知不到，會覺得資料治理好像什麼都沒做。因此，只有資料被使用，並且在前端呈現出來，人們才能看到資料治理的產出，感受到其價值。對於資料治理，「底子」要有，「面子」也要有。

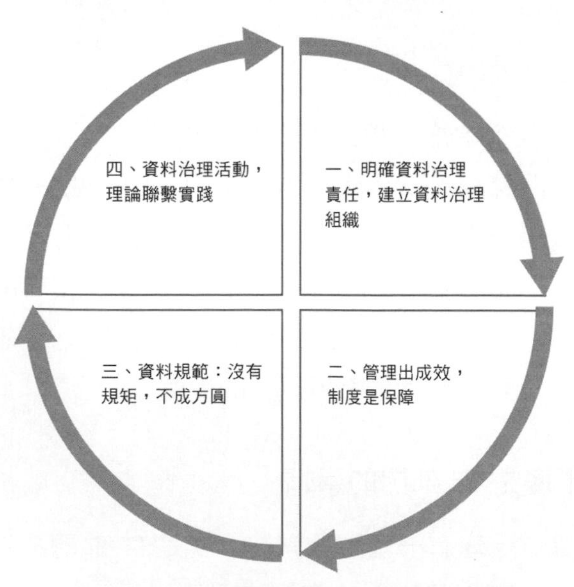

圖 3-1 企業資料治理的四個核心原則

企業資料治理可以按照如圖 3-1 所示的四個核心原則或說四個步驟進行。

首先，建立資料治理委員會。軍不可一日無帥，在做資料治理之前，一定要把資料治理組織建立起來，統籌規劃，整體佈局，指導後續任務的執行。圖 3-2 所示的是一個典型的資料治理組織架構。頂層是資訊化領導小組，一般下面會附設一個資料治理 / 管理領導小組，再往下是資料治理部、帶頭業務部門等。需要注意的是，資料治理部是一個虛擬部門，可以由 IT 部門帶頭，也可以由資料治理專案的發起人帶頭，最後形成一個虛擬的資料治理部。企業還可以在下屬單位設立不同的資料治理虛擬團隊，保障整個資料治理流程的執行。

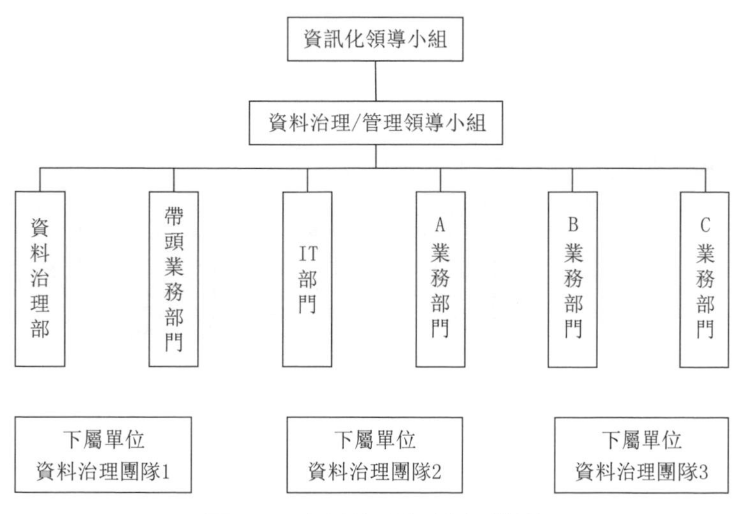

圖 3-2 資料治理組織架構圖

第二個核心原則是管理（要）出成效，制度是保障。如果沒有嚴格的制度，資料治理將很難推進下去。圖 3-3 所示的是一個簡單的資料治理平台管理流程圖，參與資料治理平台管理的角色包括業務人員和資料開發人員。為了保證資訊的正確性，平台內有嚴格的管理流程，需要不同的角色在對應的節點進行維護和管理。我們可以看到，即使是業務部門提供的最基礎的指標資訊，都要經過這樣一個規範的審核流程才能最終發佈到外系統供使用者使用。具體來說，指標的基礎資訊首先需要由業務人員審核，審核通過後才能將指標技術資訊傳達給資料開發人員，由資料開發人員進行對應的資料庫管理操作（包括建表、維護對應的維度和模型），再次審核通過後才能由資料開發人員建置資料應用，最終以查詢和介面的方式為使用者、業務系統及資料產品等提供服務。

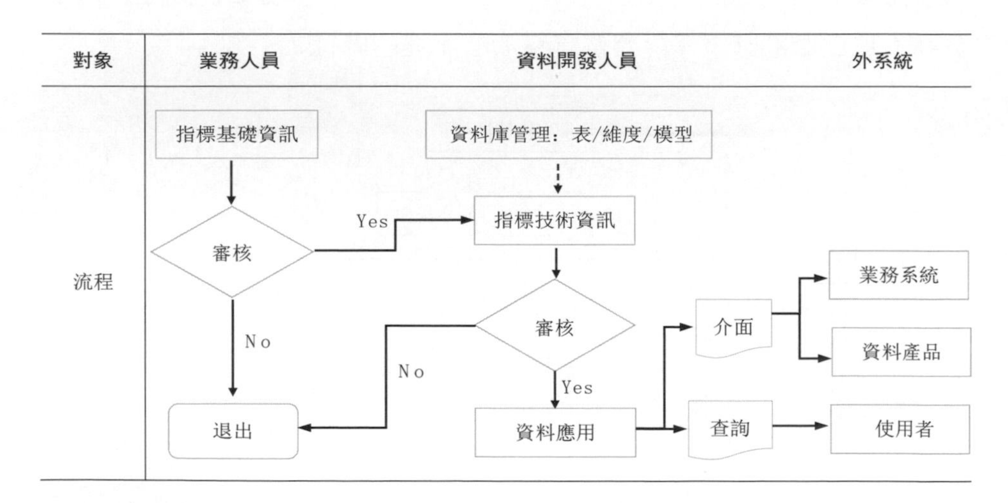

圖 3-3 資料治理平台管理流程圖

第三個核心原則是要制定資料規範。沒有規矩不成方圓，要給每一筆資料建立一定的規則，弄清楚這些資料到底是做什麼的。具體來說，資料規範需要包含以下的資料規則：

- 完整性：對一個業務、一個客戶、一個產品、一次行銷活動等資料進行遺漏值的檢查，確保資料是完整的。
- 有效性：資料應具備有效的格式或值。
- 一致性：資料倉儲內資料的定義統一，口徑一致。
- 唯一性：經營分析系統中的資料定義是唯一的。
- 正確性：指的是 ETL 過程、加工過程、資料整合、模型、展現、查詢等的正確性，以及核對過程是否充分。
- 準確性：指數據的準確度與合理性，具體的量化指標包括準確率、差錯率、問題欄位個數、問題記錄覆蓋率等。
- 時效性：能夠按照業務需求及時產生或提取所需的資料。
- 清晰性：清晰地定義每一個資料的來龍去脈，沒有歧義。
- 充足性：在保證資料正確性和準確性的基礎上，能對主要業務專題提供足夠的資料進行有足夠精度的分析。

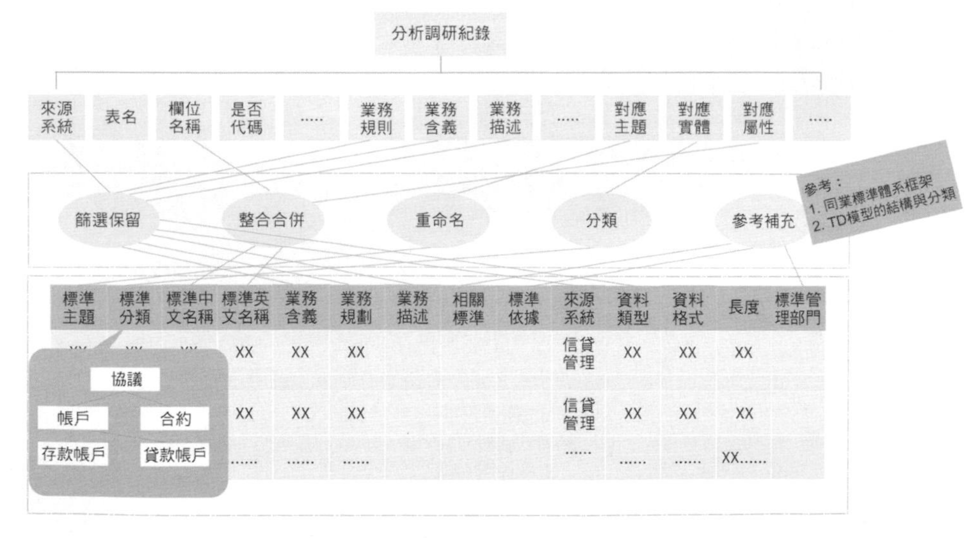

圖 3-4 某銀行資料規範調研記錄

不同企業可以根據自身的特性來制定合適的資料規範。圖 3-4 所示為某銀行資料規範調研記錄，我們可以看到對資料的來源系統、表名、欄位名稱等維度，進行篩選、整合、重新命名、分類以及補充等操作後，最終形成按標準主題、標準分類、標準中文名稱、標準英文名稱等維度梳理的清晰的資料規範系統。

最後一個核心原則是理論結合實務，即資料治理是需要與企業管理相結合的。舉例來說，可以結合企業現狀制訂對應的管理辦法和流程，包括系統、人員、職位等。圖 3-5 列出了一個典型的資料治理系統架構，來自某銀行資料治理專案。該銀行為了加強資料保密性管理，根據資料的重要程度、公開範圍、使用頻次和資料安全等級等，針對性地制訂了 4 個重要的資料管理層級，再對應各個層級管理資料。也就是說在資料治理過程中，該銀行結合自身實際制定了資料治理規範。

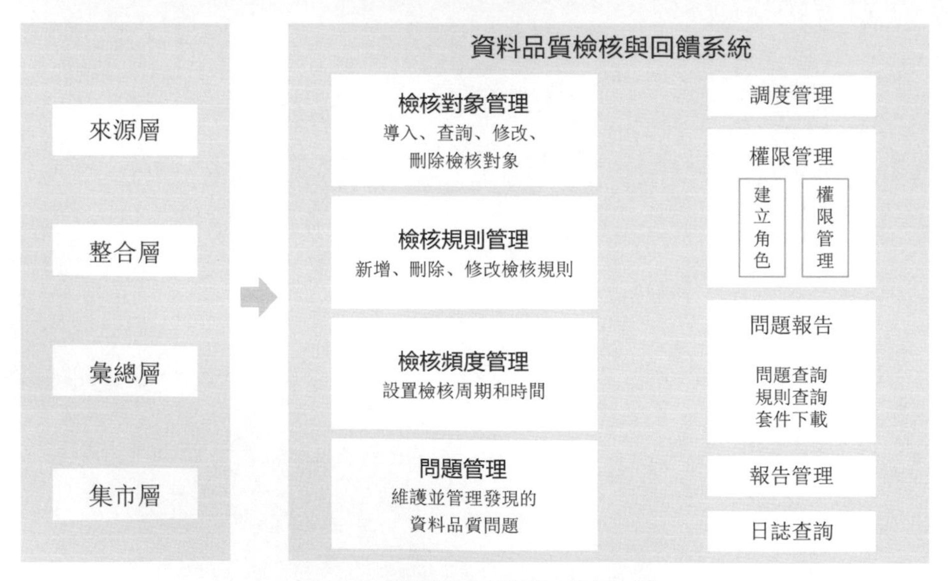

圖 3-5 典型資料治理系統架構

要做到理論結合實務，有一個比較有效的方式就是主資料先行。我們知道，主資料是指描述企業的客觀存在，連結度和重複使用度高的基礎資料，它和企業實際情況的聯繫是非常緊密的，因此很多企業在做資料治理時都會要求主資料先行。以某地產企業為例，它的主資料系統營運架構規劃如圖 3-6 所示，可以看到主要包括資料範圍、資料標準、資料生產和資料消費等 4 個層面的內容。和其他資料治理內容不同，主資料的範圍限定在該企業常用的資料領域和維度，整個專案週期短、成效快，在此基礎上再進行後續的資料治理，阻力會小很多。

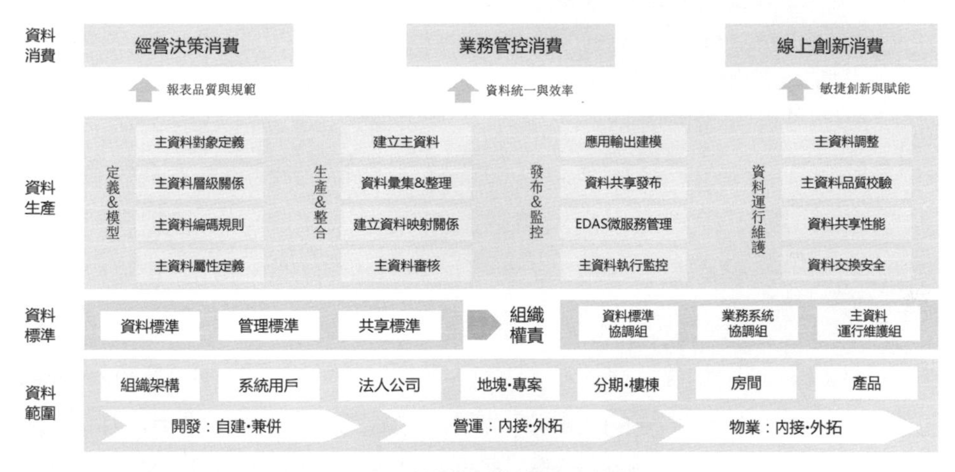

圖 3-6 主資料系統營運架構規劃

3.1.3 資料治理實踐案例

本節分享兩個具體的資料治理案例。

❑ 案例一：某大專院校資料治理實踐

隨著辦學年限的增加，該大專院校的 IT 系統中積累了很多資料，存在以下問題：

- 隨著應用系統的增加，形成一個個資料孤島。
- 資料管理不規範，資料品質差。
- 程式標準不一致，資料標準不一致。
- 缺乏統一的資料交換平台與支撐工具。
- 資料的完備性、準確性存疑，難以有效利用。
- 無法提供優質的資料服務，使用者體驗差。

針對上述問題，該大專院校提出了「三步驟」的資料治理工作規劃。第一步是摸家底，包括中繼資料的梳理和擷取、基礎資料庫和資料倉儲的盤點。第二步是建系統，包括資料管理系統、品質監控系統以及資料共用和交換系統。最後一步是以應用促治理。該大專院校做了「一表通」、「綜合校情分析與領導駕駛艙」、「學生域巨量資料」等應用，為學校「雙一流」建設提供資料支撐，希望以應用促進資料治理工作，因為如果治理後的資料沒人用，那麼資料治理的作用也就表現不出來。因此，該大專院校對於優先順序最高的資料優先進行治理，等大家把資料用起來之後再對 BI 應用進行疊代，保證整個資料治理過程形成閉環。

該大專院校同樣實踐了主資料先行的原則，對組織機構、學生等主資料進行管理，包括即時資料同步、準即時資料同步和定時資料同步等三個層級，如圖 3-7 所示。

即時資料同步	準即時資料同步	定時資料同步
• 組織機構資訊	• 學生學費收繳資訊	• 儀器設備資訊
• 教職員工資訊	• 報到狀態資訊	• 研究專案資訊
• 研究人員資訊	• 導師離校審核	• 學生就業資訊
• 本系生資訊	• 圖書借閱資訊	• 學生課表資訊
• 校園卡資訊	• 論文提交資訊	• 學生成績資訊

圖 3-7 某大專院校主資料管理的三個層級

基於「三步驟」的資料治理工作規劃，該大專院校開發了多個特色 BI 應用。例如圖 3-8 所示的學業預警系統，綜合分析學生的各項資訊，得出預警等級，學校根據不同的預警等級採取不同的措施。如圖 3-9 所示的 BI 行動應用，在迎新工作中發揮了重要作用，學生的報到情況一目了然，受到廣大師生的一致好評。

圖 3-8 學業預警系統

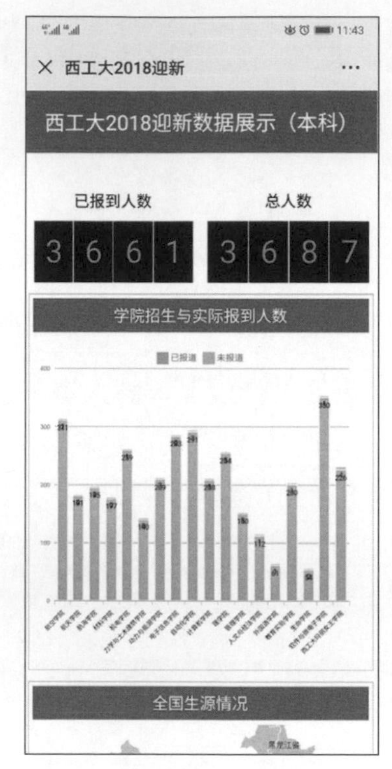

圖 3-9 BI 行動應用（迎新頁面）

❑ 案例二：某醫藥企業資料治理實踐

某藥商在制訂企業資料戰略時意識到，要想匯聚企業資料資產，建成企業級資料中心，必須先完成資料治理工作。透過對現有資料的梳理，該藥商對普遍存在的資料問題進行了總結，如表 3-1 所示。

表 3-1 某藥商存在的資料問題

類別	問　題	描　述
基礎資料	資料的維護職責不清晰	門店經緯度目前至少有三個地方在維護，商品照片也有多部門維護等

類別	問　題	描　述
業務資料	表名不規範	表名有很多類型，如德文縮寫、英文、拼音、拼音字首等
	欄位名稱不規範	欄位名稱有很多類型，如德文縮寫、英文、拼音、拼音字首等
	相同口徑，名稱不同	經常有這種情況，特別是數量型的欄位。舉例來說，同一串編碼，在這張表名為訂單號，在另一張表名為憑證號
	相同名稱，口徑不同	如動銷率，不同部門的取數邏輯不一樣
	會員資料存在異常欄位	如：手機號碼由人工填寫，沒有做驗證，會出現 "1111" 的情況
非結構化 / 半結構化資料	缺乏這種資料	比如埋點、第三方資料等

針對表 3-1 中列出的資料問題，該藥商制定了對應的解決方案。

（1）透過主資料先行、維護資料倉儲維度資料表層等措施，解決基礎資料的問題。圖 3-10 列出了該藥商的主資料與備份資料管理範例，我們可以看到該藥商對主資料和不同分公司的備份資料進行了區分，採用不同的編碼，並在主資料基礎上對備份資料的維度進行了擴充。

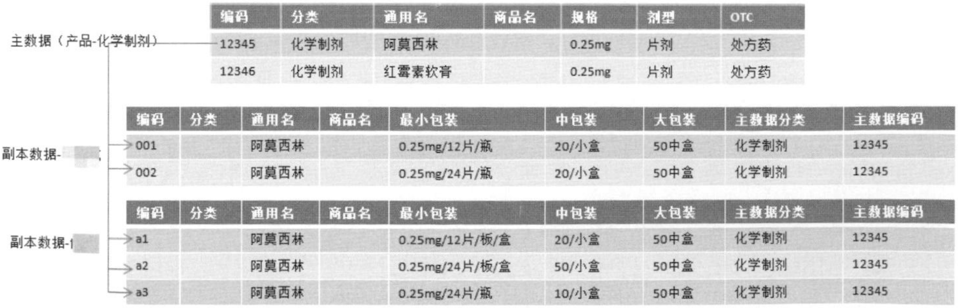

主数据（产品-化学制剂）

编码	分类	通用名	商品名	规格	剂型	OTC
12345	化学制剂	阿莫西林		0.25mg	片剂	处方药
12346	化学制剂	红霉素软膏		0.25mg	片剂	处方药

副本数据-

编码	分类	通用名	商品名	最小包装	中包装	大包装	主数据分类	主数据编码
001		阿莫西林		0.25mg/12片/瓶	20/小盒	50中盒	化学制剂	12345
002		阿莫西林		0.25mg/24片/瓶	20/小盒	50中盒	化学制剂	12345

副本数据-

编码	分类	通用名	商品名	最小包装	中包装	大包装	主数据分类	主数据编码
a1		阿莫西林		0.25mg/12片/板/盒	20/小盒	50中盒	化学制剂	12345
a2		阿莫西林		0.25mg/24片/板/盒	50/小盒	50中盒	化学制剂	12345
a3		阿莫西林		0.25mg/24片/瓶	10/小盒	50中盒	化学制剂	12345

圖 3-10 某藥商的主資料與備份資料管理範例

（2）透過三大步驟解決業務資料問題，主要是資料的標準化和規範化：

- 設立資料標準化委員會，制定相關制度和標準。
- 將建表許可權收歸 DBA，嚴格按照標準規範執行。
- 資料倉儲對進入其中的資料可以進行清洗，對 IT 人員在資料倉儲中的建表行為實施平台級強約束，確保用於分析的資料標準化、規範化。

（3）透過自動埋點和爬蟲等方式收集非結構化和半結構化資料，彌補這種資料的缺失。

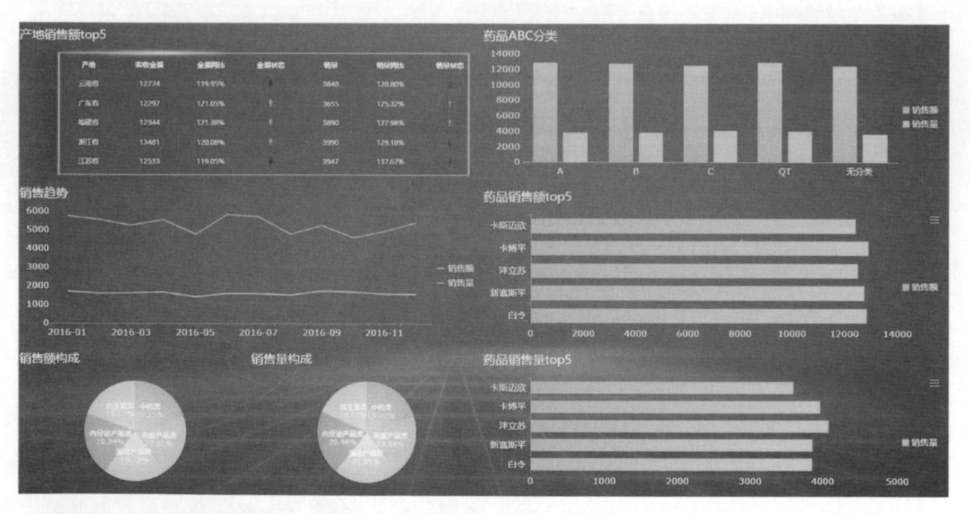

圖 3-11　藥品銷量分析報表

經過這樣的治理後，該藥商的資料品質得到很大的改善。現在業務部門在做決策時都會放心地參考系統中的資料，因為這些資料是準確、及時、可信的，後續的決策結果也再次驗證了資料是高品質的。例如針對藥品的銷售情況，IT 部門幫助銷售部門做了類似圖 3-11 所示的藥品銷售分析報表，之前顯示的資料曾被反覆質疑，現在銷售部門追蹤藥品銷售情況和調整藥品的供應都靠這張報表。

3.2 業務模型：獲取更深入的資料見解

曾有一位在零售產業做資料分析師的朋友跟筆者抱怨：累死累活做的資料分析結果，業務部門的同事每次就隨便看兩眼，根本不採納基於資料分析得出的見解和建議。看了朋友的資料分析結果後，筆者就明白了，他做出來的結果與實際業務基本是脫節的，提出的建議也都是諸如提高門店營運效率、增加區域門店數量等一些沒有針對具體問題或不在企業預算範圍內的建議，自然不會被採納。

其實，要得到有用的業務資料分析結果並不難，除了累積資料分析經驗、增進對業務的瞭解外，用好資料分析模型也能得到具有實際指導意義的分析結果。資料分析模型都是前人在長期的實踐經驗中總結出來的，能夠滿足特定高頻業務場景的通用分析方法，例如零售產業經常用到的 RFM 模型、ABC 模型（帕雷托模型）等。因此，在業務分析中應用資料分析模型，對採擷資料價值、促進業務增長來說是大有裨益的。

表 3-2 對部分常見的資料分析模型進行了簡單的總結。關於應用這些模型的詳細想法和步驟，很多資料分析圖書和資料中已經做了大量介紹，這裡不再贅述，IT 人員和業務人員可以根據各自需求針對性地學習和研究。本節主要談通用的業務資料分析模型（業務模型），也常常被稱為業務分析框架。

表 3-2 常見的資料分析模型

模型	描述	主要適用場景
ABC 模型	ABC 模型又稱為帕雷托模型，以「少數專案貢獻了大部分價值」為原則，主要用於分清產品物件的主次，按照重要性依次遞減的順序將產品分為 A、B、C 三種	產品分類
四象限模型	利用水平和垂直分割線將圖表區域分為四個象限，將每個象限的資料表現作為一個類別。 主要以點圖呈現，用於快速將多個分類下的資料按照不同指標進行歸類，然後針對不同類別的資料制訂最佳策略	產品分類
RFM 模型	RFM 模型是衡量客戶價值和客戶創利能力的重要工具和手段。該模型透過一個客戶的近期消費行為（Recency）、消費的整體頻率（Frequency）以及消費金額（Monetary）等 3 項指標來描述該客戶的價值狀況	客戶分類
購物車模型	購物車模型是商場常用的一種分析模型，用於透過顧客的購買行為找到可以綁定銷售的商品，獲得更多利潤。經典案例「啤酒和紙尿褲搭配販售」就是根據購物車模型分析而得出的結果	商品連結、綁定銷售
漏斗模型	漏斗模型常用於行銷過程，是將非潛在客戶逐步變為客戶的轉換率量化模型。其價值在於量化行銷過程各個環節的效率，幫助找到薄弱環節	電子商務客戶轉換率、產品銷售
KANO 模型	KANO 模型以分析使用者需求對使用者滿意度的影響為基礎，根據不同類型的品質特性與使用者滿意度之間的關係，將產品服務的品質特性分為魅力因素、期望因素、必備因素、無差異因素和反向因素等 5 個方面，並且度量 5 個方面的需求被滿足與否對滿意或不滿意度產生的影響	辨識客戶需求，確定影響滿意度的關鍵因素

大部分的情況下，業務模型是圍繞產業維度展開的，領導資料集市的開發，包括供應鏈、生產、行銷、風控、績效等方面。好的資料集市可以為資料的專題分析和多維分析提供非常多的便利。

從具體的流程上來看，業務模型的建立一般會經歷成熟指標庫、產業分析指標庫、分析範本、額外的產業資料分析等 4 個步驟。企業從業務痛點出發，在初期沒有頭緒的時候往往會尋找成熟的指標庫。在此基礎上，企業結合需求形成適合自身的產業分析指標庫，再透過前端分析範本搭配績效考核、財務管理、風險管理等業務主題模組，就可以快速實現對多項業務主題的分析。除了自身的業務主題外，企業還可以透過掌握的使用者及市場等產業資料來彌補業務資料的不足，形成完整的業務模型，提供更完整的業務見解。

下面再以某地產企業的行銷管理業務為例介紹這 4 個步驟。該企業的行銷流程存在以下 3 個痛點：

- 由於監管難度大、市場環境複雜，以及住房開發部門管理能力不足，該企業行銷部門的統籌管理能力較弱，各層級的行銷資料難以系統化管理，行銷部門只制訂大目標，缺乏流程監管，無法主動定位問題。
- 第一線行銷人員的積極性容易因行銷工作的特性受到週期性影響，而且易陷入部門內卷效應，工作積極性的波動非常大。
- 企業擁有的大量客戶資料僅用於存檔，沒有得到充分利用、發揮價值。

面對這些痛點，該企業希望建立行銷管理業務模型，充分利用資料價值，為行銷業務賦能。該企業遵循建立業務模型的 4 個步驟，首先找到了與地產產業行銷業務相關的資料倉儲指標（如圖 3-12 所示），也是產業成熟的指標庫，這些指標儲存在資料倉儲中，是最基礎的業務資料欄位。接著，該企業根據分析需求對各項指標進行計算，梳理出需要在 BI 平台上展示的指標，即產業分析指標庫，如圖 3-13 所示。

序号	梳理标记	状态	部门	条线	分析场景（分析目的）		指标名称	指标定义	指标口径
					一级分类	二级分类			
							描述指标的业务名称	*明确给出指标的业务定义，确保对指标理解的一致性*	*1、描述指标的业务统计口径，有两类口径：*
1		待确认	营销		销售	认购	认购套数	总认购套数（含诚意认购）	明源ERP按审核通过的数据
2		待确认	营销		销售	认购	认购面积	总认购面积	明源ERP按审核通过的数据
3		待确认	营销		销售	认购	认购金额	总认购金额	明源ERP按审核通过的数据
4		待确认	营销		销售	签约	签约套数	总签约套数	明源ERP按审核通过的数据
5		待确认	营销		销售	签约	签约面积	总签约面积	明源ERP按审核通过的数据
6		待确认	营销		销售	签约	签约金额	总签约金额	明源ERP按审核通过的数据
7		待确认	营销		销售	签约	签约均价	已签约单位平均每平方米价格	明源ERP按审核通过的数据
8		待确认	营销		销售	回款	回款金额	回款金额	明源ERP按审核通过的数据
9		待确认	营销		应收款	认未签	认未签套数	认购未签约套数（账龄）	明源ERP按审核通过的数据
10		待确认	营销		应收款	认未签	认未签面积	认购未签约面积（账龄）	明源ERP按审核通过的数据
11		待确认	营销		应收款	认未签	认未签金额	认购未签约金额（账龄）	明源ERP按审核通过的数据
12		待确认	营销		应收款	应收款	应收款金额	已签约未回款金额（账龄）	明源ERP按审核通过的数据
13		待确认	运营		货值统计	货值	上年结转可售货值	上年可售未售的可售货值（套面价金四大指标）	取08 表年初可售库存（固定不变）
14		待确认	运营		货值统计	货值	上年结转可售货值（可隐藏）	上年结转可售货值（可隐藏）（套面价金四大指标）	取上年12月31日可售库存
15		待确认	运营		货值统计	货值	截止统计日当年新增可售货值	截止统计日当年新增可售货值（套面价金四大指标）	预售证实际日期在1月1日至统计日
16		待确认	运营		货值统计	货值	截止统计日当年减少可售货值	截止统计日当年减少可售货值（套面价金四大指标）	销售签约审核日期在1月1日-统计日

调研综述 | 汇总页面 | 销售分析 | 应收款分析 | 货值 | 库存去化分析 | 客户分析 | 营销费用管控 | 经营性现金流

圖 3-12 地產產業行銷業務相關的資料倉儲指標

模块	维度	指标	说明
销售模块	当年	销售额	当年签约金额(签约和审核日期都在当年) + 当年退换房合同变更差额（变更后-变更前，审核日期在当年)
		回款	已收款(创建和审核日期都在当年的) - 已退款(创建和审核日期都在当年的)
		合同完成率	销售额/销售指标
		回款完成率	回款额/回款指标
		综合完成率	合同完成率(销售额/销售指标)*0.5+回款完成率(回款额/回款指标)*0.5
	近六个月	销售额	当月签约金额(签约和审核日期都在当月的) + 当年退换房合同变更差额（变更后-变更前，审核日期在当月)
		回款额	已收款(创建和审核日期都在当月) - 已退款(创建和审核日期都在当月)
		综合完成率	合同完成率(销售额/销售指标)*0.4+回款完成率(回款额/回款指标)*0.6
	当月	销售额	当月签约金额(签约和审核日期都在当月的) + 当年退换房合同变更差额（变更后-变更前，审核日期在当月)
		回款额	已收款(创建和审核日期都在当月) - 已退款(创建和审核日期都在当月)
		考核版完成率	合同完成率(销售额/销售考核版指标)*0.4 + 回款完成率(回款额/回款考核版指标)*0.6
		奖励版完成率	合同完成率(销售额/销售奖励版指标)*0.4 + 回款完成率(回款额/回款奖励版指标)*0.6
	当日	销售额	当日签约金额(签约和审核日期都在当日) + 当年退换房合同变更差额（变更后 - 变更前，审核日期在当日)
		回款额	已收款(创建和审核日期都在当日的) - 已退款(创建和审核日期都在当日的)
应收款模块	当年	应收款	年销售额 - 已收款 - 已退款
		逾期金额	(年销售额 - 已收款 - 已退款)(规定回款日期小于当前日期)
		未逾期金额	(年销售额 - 已收款 - 已退款)(规定回款日期大于当前日期)
客户模块	当年	新客户数	跟进记录中第一次来访的来访客户手机号总数(创建日期在当年)
		老客户数	跟进记录中不是第一次来访的来访客户手机号总数(创建日期在当年)
	近八周	新客户数	跟进记录中第一次来访的客户手机号总数(创建日期在对应周)
		老客户数	跟进记录中不是第一次来访的客户手机号总数(创建日期在对应周)
		转化率	签约认购总数(已签约客户或者已认购未签约客户电话号数)/来访新客户数(首次接触方式为来访的新客户总数)
存量模块	当前	存量套数	一条房间记录为一套，(未签约(房间状态为未售)+已签约未审核(房间状态为签约，审核日期大于当前日期)-已退房未审核(房屋状态为为未售，存在退房变更，审核日期大于当前日期))(且取预售证日期小于当前日期的)
		存量面积	计价方式为套内面积，则取套内面积，否则取建筑面积，(未签约(房间状态为未售)+已签约未审核(房间状态为签约，审核日期大于当前日期)-已退房未审核(房屋状态为为未售，存在退房变更，审核日期大于当前日期))(且取预售证日期小于当前日期的)
		存量货值	底价（如果有最低价格则取最低价格，没有则取预售价），(未签约(房间状态为未售)+已签约未审核(房间状态为签约，审核日期大于当前日期)-已退房未审核(房屋状态为为未售，存在退房变更，审核日期大于当前日期))(且取预售证日期小于当前日期的)
	产品类型	存量货值	根据产品类型将当前存量划分为七种

圖 3-13 地產產業分析指標庫

有了產業分析指標庫後，行銷部門便借助前端分析範本快速實現了行銷管理人員和第一線業務人員的各項分析需求，圖 3-14 所示為銷售日報。

圖 3-14 某地產企業行銷部門的銷售日報

除了行銷資料外，該企業還將角度拓展至產業資料。產業資料主要用於補充企業內部的經營資料，它不是企業自己產生的資料，但是對企業經營結果會有影響，是業內都可以瞭解的資料。該企業喚醒了系統中「沉睡」的大量客戶資料，透過對這些資料的系統化管理，實現了對客戶的精細化營運。

建立這樣一套業務模型後，再結合整個業務分析過程的視覺化，該企業實現了行銷資料的系統化管理，制訂目標、監控業務流程時都有資料作為依據，第一線行銷人員的積極性得到很大提升，那些沉睡的客戶資料也為精準行銷提供了巨大的價值。

那麼企業在初步建立業務模型時，如何獲取或累積資料倉儲指標庫和產業分析指標庫呢？一般來說可以從內部和外部兩個層面入手：在內部層面，自身多學習，指標都來自業務，因此專案團隊要多從業務活動中累積指標，和業務部門一起梳理指標；在外部層面，則可以向諮詢公司和 BI 廠商尋求幫助。當前大部分企業對 BI 的期望已經不再停留於工具層面，而是希望獲取一籃子解決方案，因此在工具選型和專案立案時，也可以多檢查 BI 廠商是否有足夠的產業諮詢經驗，是否能提供各種業務模型和方案等。

3.3 PDCA 閉環：持續最佳化 BI 系統

本章開篇提到 BI 專案失敗的一大表現就是不做驗證、不聽回饋，究其原因，還是缺少閉環思維。而閉環思維之所以能夠促進 BI 專案成功，離不開其「有始有終、不斷回饋、不斷最佳化」的核心思想。沒有回饋、不做最佳化的 BI 專案只能是大量資料應用的堆疊，其價值也就只能停留在提供資料層面，無法提升企業的管理水準和業務水準。

企業內最常見的閉環思維便是 PDCA 閉環。PDCA 是品質管制的基本方法，分為 Plan（計畫）、Do（執行）、Check（檢查）和 Action（處理）等 4 個階段，因其存在普適性而被推廣到企業的各項管理工作中，成為企業實現經營管理閉環的有效方法，為廣大企業所熟知。

值得注意的是，在具體的經營管理閉環中，管理不但需要「設計」和「執行」，更需要「監控」與「完善」，講求「過程化管理」和「結果化管理」的結合。在這樣的要求下，PDCA 閉環和 BI 便成為一個絕佳的組合。PDCA 為企業 BI 應用落實提供指導，BI 則為 PDCA 過程提供資料依據，二者相輔相成，最終實現價值，BI 專案也就成功了。

閉環思維在 BI 專案中的應用，可以從資料、業務和管理三個角度來看。其中，資料閉環建立在資料流程的基礎上，而業務和管理閉環則建立在 PDCA 過程的基礎上。

3.3.1 資料、業務和管理閉環

1. 資料閉環

資料閉環比較容易瞭解，在 BI 專案中，資料一般會經歷從資料來源到資料獲取、資料加工，再到資料展現、資料應用的完整流程，而資料在應用過程中出現的問題與得到的回饋都會倒逼企業在資料的源頭進行改進，如此往復，形成閉環。舉例來說，圖 3-15 所示為某醫院的資料閉環，資料從業務系統中提取出來，經過處理和展現形成各種資料應用，而資料應用的分析和回饋又被用於改善業務系統，這樣一來，資料會不斷完善，資料應用也會不斷完善，形成完整的資料閉環。

圖 3-15 某醫院的資料閉環

2. 業務閉環

業務閉環可以視為從制訂決策到拆解目標計畫，最後到執行的業務流程閉環，本質上是對具體業務問題進行線性拆解，最終回到業務目標的達成與監控。如圖 3-16 所示，業務閉環建立在 PDCA 閉環的基礎上，主要包括計畫、組織、執行、監督和考核等 5 個環節，最後的考核結果和回饋又用於對制訂計畫和拆解目標過程的疊代與最佳化，從而形成閉環，不斷為業務賦能。

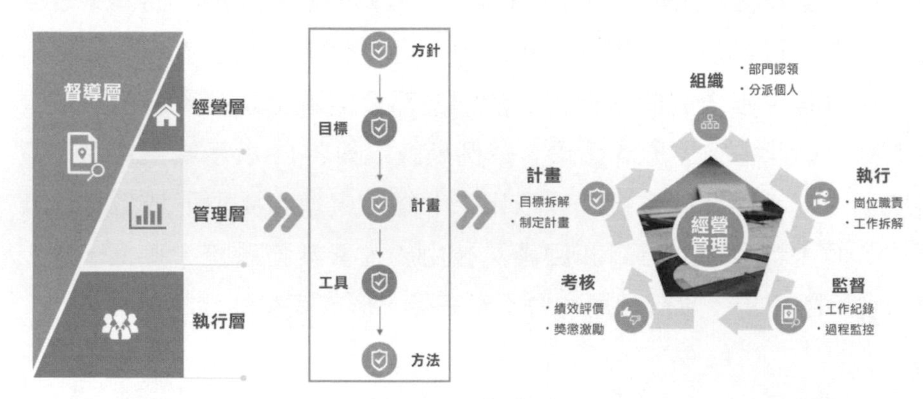

圖 3-16 業務閉環

以圖 3-17 展示的兩種開發風格為例，同樣的開發任務，有閉環和沒有閉環最終的結果差別非常大。其中左圖為粗放式專案開發風格，整體的目標不清晰，整個工作過程也缺少監控與回饋，沒有形成閉環，導致在專案前期長時間拖延，而截止日期來臨前又瘋狂趕工。而右圖所示的精細化專案開發風格，從一開始對任務的細化和拆分到中間對執行過程的監控，再到最後透過回饋對任務進行調整，並再次回到標準流程，整個開發過程形成了完整的業務閉環，不管是人效還是專案管理，都得到極大的提升。

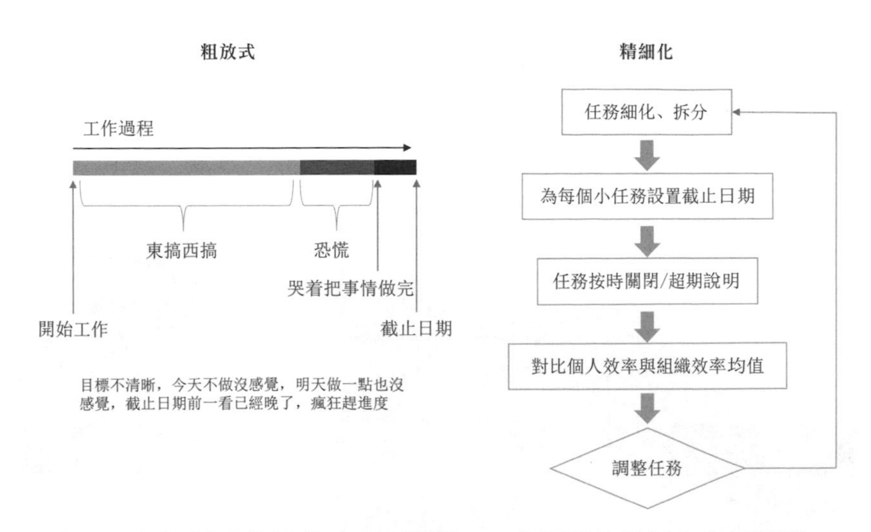

圖 3-17 無閉環的粗放式專案開發 vs. 有閉環的精細化專案開發

3. 管理閉環

與業務閉環類似，管理閉環也是建立在 PDCA 閉環的基礎上的，不同的是業務閉環偏重於經營計畫，核心在於達成業務目標；而管理閉環偏重於戰略監控，核心在於達成戰略目標。管理閉環可以視為 PDCA 閉環融合了企業戰略和經營後再細化，其整體由一個個具體的業務閉環組成。如圖 3-18 所示，管理閉環從制訂戰略開始，經轉化戰略、規劃和營運、執行計畫、監督和學習、檢驗 / 調整戰略等環節，最終又回到制訂戰略，形成閉環。整個過程會用到戰略圖、平衡計分卡、流程面板等工具，是經營計畫與戰略計畫互補的過程。

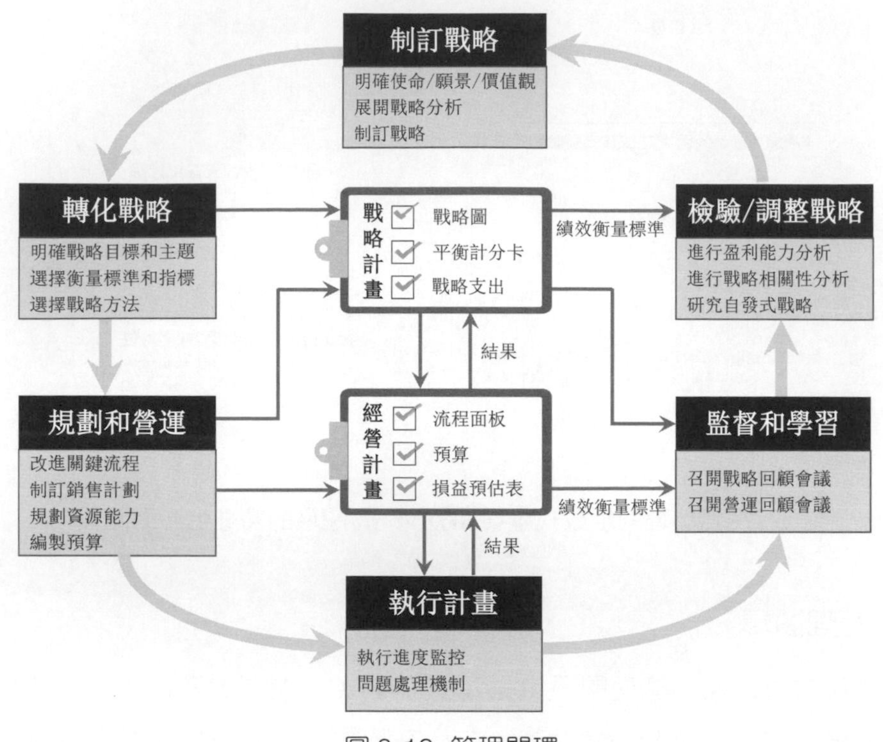

圖 3-18 管理閉環

3.3.2 企業閉環管理實踐

我們來看一個 PDCA 閉環在 BI 系統中落實的例子。某大型製造集團面臨內外壓力帶來的成本和效率的雙重挑戰，發現人治加法治的模式已無法滿足管理需求，對管理模式的變革勢在必行。因此，該企業開始聚焦效率，著手架設目標管理系統。同時，該企業也意識到，目標管理不能脫離資訊化系統，沒有即時的資訊化系統，目標就難以被測量和評價，其結果就難以控制。因此，該企業將 PDCA 閉環應用到 BI 系統中，實現了有效的目標管理。下面介紹具體過程。

1. 計畫階段（P）：制訂目標

在計畫階段，該企業首先根據集團經營策略，參考市場環境制訂戰略目標的關鍵績效指標。接著，根據往期實際資料，按照圖 3-19 所示的目標分解流程在 BI 系統中對當期目標進行逐層地定義和分解，使制訂的目標更合理、可達成。圖 3-20 所示為其 2020 年經營目標按季分解後的結果。最後，在指標監控看板中對不同層級目標的完成情況進行比較，並根據完成情況評價各部門和員工的績效。

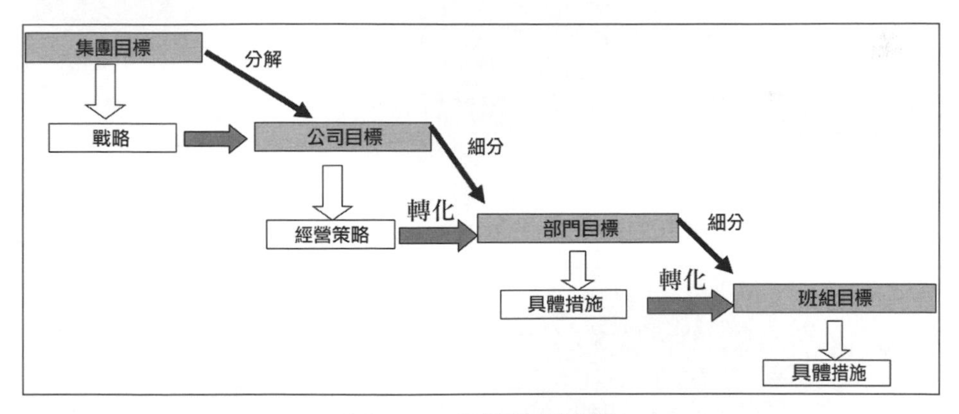

圖 3-19 目標分解流程

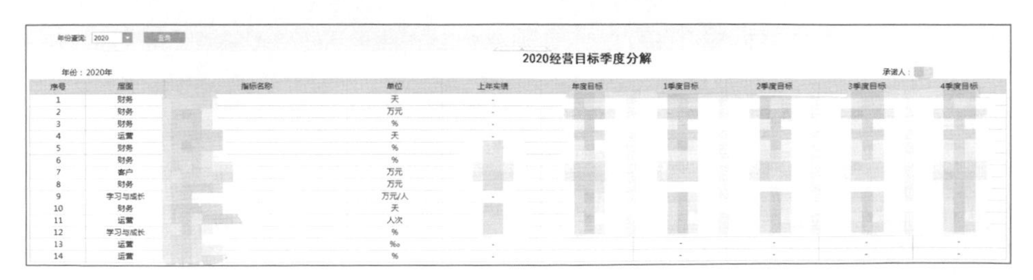

年份查询：2020

2020经营目标季度分解

年份：2020年　　承诺人：

序号	层面	指标名称	单位	上年实绩	年度目标	1季度目标	2季度目标	3季度目标	4季度目标
1	财务	[illegible]	天	-	[illegible]	[illegible]	[illegible]	[illegible]	[illegible]
2	财务	[illegible]	万元	-	[illegible]	[illegible]	[illegible]	[illegible]	[illegible]
3	财务	[illegible]	%	-	[illegible]	[illegible]	[illegible]	[illegible]	[illegible]
4	运营	[illegible]	天	-	[illegible]	[illegible]	[illegible]	[illegible]	[illegible]
5	财务	[illegible]	%	[illegible]	[illegible]	[illegible]	[illegible]	[illegible]	[illegible]
6	财务	[illegible]	%	[illegible]	[illegible]	[illegible]	[illegible]	[illegible]	[illegible]
7	客户	[illegible]	万元	[illegible]	[illegible]	[illegible]	[illegible]	[illegible]	[illegible]
8	财务	[illegible]	万元	[illegible]	[illegible]	[illegible]	[illegible]	[illegible]	[illegible]
9	学习与成长	[illegible]	万元/人	-	[illegible]	[illegible]	[illegible]	[illegible]	[illegible]
10	财务	[illegible]	天	[illegible]	[illegible]	[illegible]	[illegible]	[illegible]	[illegible]
11	运营	[illegible]	人次	[illegible]	[illegible]	[illegible]	[illegible]	[illegible]	[illegible]
12	学习与成长	[illegible]	%	[illegible]	[illegible]	[illegible]	[illegible]	[illegible]	[illegible]
13	运营	[illegible]	‰	-		-	-	-	-
14	运营	[illegible]	%	-		-	-	-	-

圖 3-20 BI 系統中分解後的目標

2. 執行時（D）：實現狀態的監控

在執行時，為了讓集團以及子公司的管理人員清晰地看到目標的執行情況，IT 部門根據管理層級、所屬單位、當前年份等維度監控企業營運的各項指標，並按月份水平展開，呈現指標趨勢分析和精益改善效果（如圖 3-21 所示）；同時，在集團和各子公司之間做水平的比較分析，以不同背景顏色和字型突出顯示完成得好與不好的各項指標資料（如圖 3-22 所示）。

年份: 2020

集团运营指标看板

责任人：集团副总经理

-:不统计数据 E: 数据异常

年份：2020年

管理员：

序号	指标说明	指标名称	单位	月度实绩												季度达成值			
				1月	2月	3月	4月	5月	6月	7月	8月	9月	10月	11月	12月	Q1	Q2	Q3	Q4
1		冲压件单位可控生产成本	元/吨	[illegible]	-	[illegible]	[illegible]	[illegible]	-	-	-	-	-	-	-	[illegible]	-	-	-
2		冲压工-人均时效	公斤/时	[illegible]	-	[illegible]	[illegible]	[illegible]	-	-	-	-	-	-	-	[illegible]	-	-	-
3		焊装件单位可控生产成本	元/万点	[illegible]	-	[illegible]	[illegible]	[illegible]	-	-	-	-	-	-	-	[illegible]	-	-	-
4		焊装工-人均时效	个/时	[illegible]	-	[illegible]	[illegible]	[illegible]	-	-	-	-	-	-	-	[illegible]	-	-	-
5		厂内存货资金周转天数	天	[illegible]	[illegible]	[illegible]	[illegible]	[illegible]	-	-	-	-	-	-	-	[illegible]	-	-	-
6		重大质量事故次数	次	[illegible]	[illegible]	[illegible]	[illegible]	[illegible]	-	-	-	-	-	-	-	[illegible]	-	-	-
7		十级及以上工伤事故次数	人次	[illegible]	[illegible]	[illegible]	[illegible]	[illegible]	-	-	-	-	-	-	-	[illegible]	-	-	-
8		物流单位可控成本	元/吨	[illegible]	[illegible]	[illegible]	[illegible]	[illegible]	-	-	-	-	-	-	-	[illegible]	-	-	-
10		物流-人均时效	公斤/时	[illegible]	-	[illegible]	[illegible]	[illegible]	-	-	-	-	-	-	-	[illegible]	-	-	-

圖 3-21 集團營運指標看板

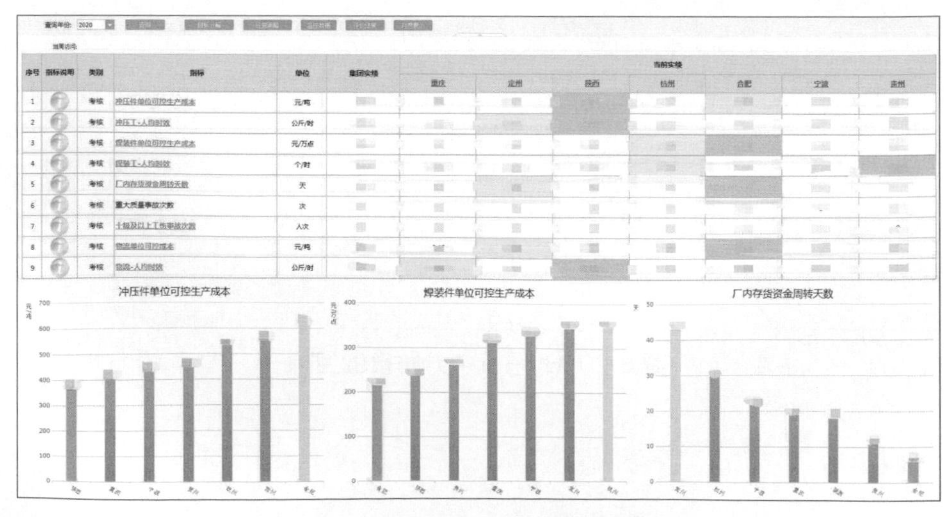

圖 3-22 各子公司水平比較

3. 檢查階段（C）：定期複盤與分析

複盤和分析的目的是總結上一階段工作目標的達成情況，以及調整下一階段的工作計畫，透過關注目標達成進度、問題回饋記錄、措施的完成情況，對任務的執行進行全過程控管。這時，經營分析會議的重要性就表現出來了。該企業以往開會時各團隊都報喜不報憂，只說好的不說壞的，就算被人指出問題，也會找各種藉口搪塞過去。現在不一樣，經營分析會議上主管們不再需要聽個人匯報，只要打開 BI 系統中的報表（如圖 3-23 所示），KPI 達成情況一目了然，會議的重心自然也就轉移到分析問題、制訂調整策略以及分享成功經驗等更有價值的內容上。

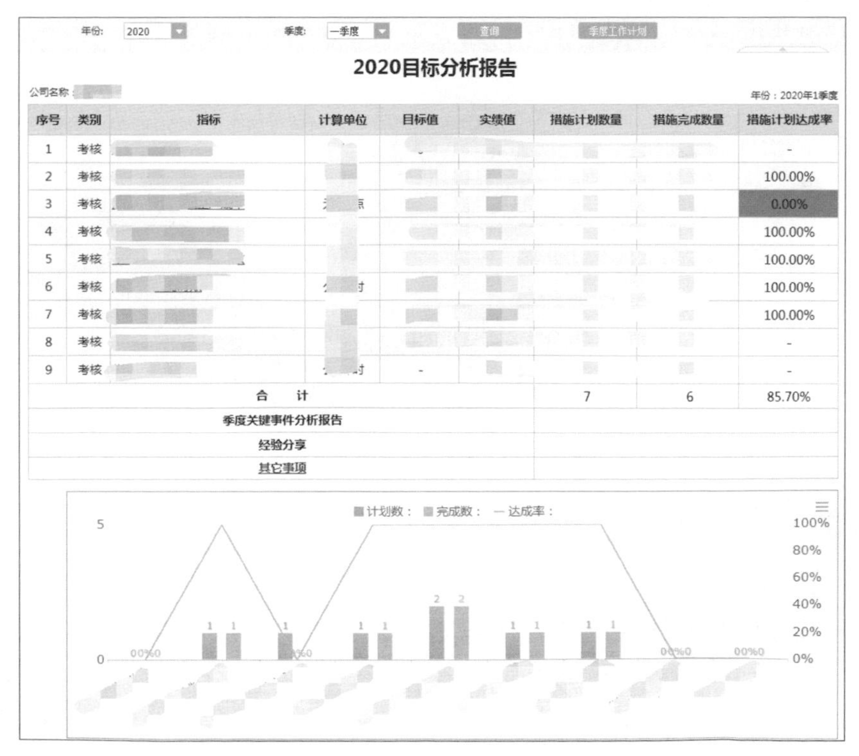

年份: 2020　季度: 一季度　查询　季度工作计划

2020目标分析报告

公司名称：　　年份：2020年1季度

序号	类别	指标	计算单位	目标值	实绩值	措施计划数量	措施完成数量	措施计划达成率
1	考核							-
2	考核							100.00%
3	考核							0.00%
4	考核							100.00%
5	考核							100.00%
6	考核							100.00%
7	考核							100.00%
8	考核							-
9	考核			-				-
合　计						7	6	85.70%
季度关键事件分析报告								
经验分享								
其它事项								

圖 3-23 企業 BI 系統中的報表

4. 處理階段（A）：問題整改與追蹤

最後，該企業還在 BI 系統中開發了圖 3-24 所示的「季改善計畫及追蹤」的應用。因為複盤不代表問題被解決，複盤只是開始，更重要的是督促和追蹤整改計畫的實施。對於具體的問題，在制訂整改計畫時，要明確負責人、計畫完成時間、實際完成時間以及完成狀態等內容，以便落實整改措施。同時，要把相關的措施和經驗固化，作為下一個階段性戰略的執行策略。

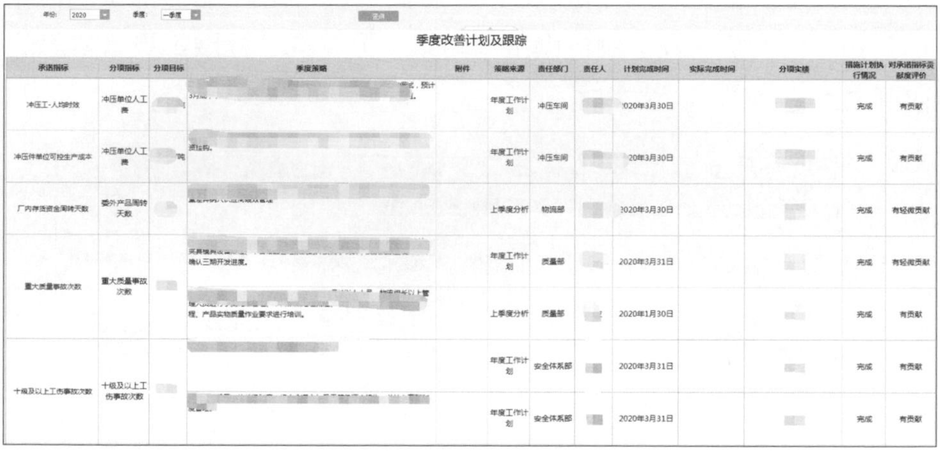

年份: 2020 季度: 一季度

季度改善计划及跟踪

承诺指标	分项指标	分项目标	季度策略	附件	策略来源	责任部门	责任人	计划完成时间	实际完成时间	分项实绩	措施计划执行情况	对承诺指标贡献度评价
冲压工-人均时效	冲压单位人工费	[illegible]	[illegible] 式，预计 [illegible]		年度工作计划	冲压车间	[illegible]	020年3月30日		[illegible]	完成	有贡献
冲压件单位可控生产成本	冲压单位人工费	[illegible] 吨	[illegible] 资结构。		年度工作计划	冲压车间	[illegible]	20年3月30日		[illegible]	完成	有贡献
厂内存货资金周转天数	委外产品周转天数	[illegible]	[illegible]		上季度分析	物流部	[illegible]	2020年3月30日		[illegible]	完成	有轻微贡献
重大质量事故次数	重大质量事故次数	[illegible]	[illegible] 确认三期开发进度。		年度工作计划	质量部	[illegible]	2020年3月31日		[illegible]	完成	有轻微贡献
			[illegible] 程、产品实物质量作业要求进行培训。		上季度分析	质量部	[illegible]	2020年1月30日		[illegible]	完成	有贡献
十级及以上工伤事故次数	十级及以上工伤事故次数	[illegible]	[illegible]		年度工作计划	安全体系部	[illegible]	2020年3月31日		[illegible]	完成	有贡献
			[illegible]		年度工作计划	安全体系部	[illegible]	2020年3月31日		[illegible]	完成	有贡献

圖 3-24 季改善計畫及追蹤

3.4 團隊配合：為業務部門賦能

BI 專案需要多方的共同努力才能成功，因此對各部門的配合有較高要求，尤其是 IT 部門與業務部門的配合。這是一個老生常談又不得不談的話題。企業裡這兩個部門經常互相抱怨，業務部門抱怨 IT 部門不懂業務，做出來一堆沒有價值的頁面；IT 部門則抱怨業務部門什麼都不懂，自己想要什麼資料都描述不清楚。圖 3-25 總結了雙方在配合方面的常見問題。

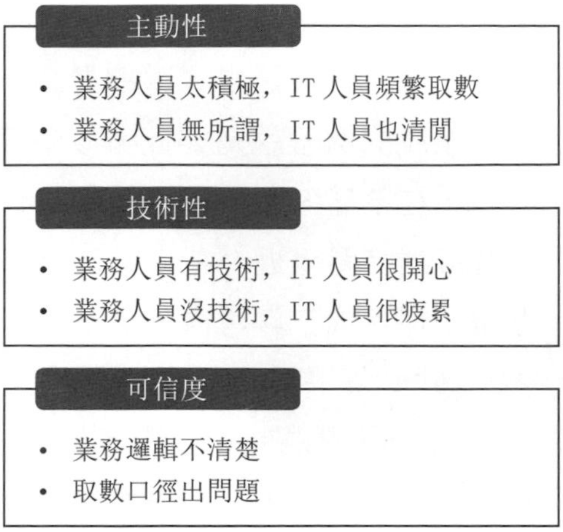

主動性

- 業務人員太積極，IT 人員頻繁取數
- 業務人員無所謂，IT 人員也清閒

技術性

- 業務人員有技術，IT 人員很開心
- 業務人員沒技術，IT 人員很疲累

可信度

- 業務邏輯不清楚
- 取數口徑出問題

圖 3-25　IT 部門和業務部門配合時的常見問題

其實，IT 部門與業務部門的配合好不好，關鍵就在於專案團隊能否對兩個部門的關係有明確定位。不論是 BI 專案還是其他資訊化專案，都需要 IT 部門和業務部門各司其職、通力合作，按照「IT 人員搭台，業務人員唱戲」的分工去推進。具體來說，IT 人員懂技術，可以為業務人員準備好資料，設定好資料連結，業務人員則根據自身需求進行資料分析。如果讓 IT 人員既「搭台」又「唱戲」，或讓業務人員去做「搭台」的事情，那麼效率和效果都會大打折扣。但是業務人員要把「戲」唱好，還需要瞭解搭的是什麼「台」，唱的是什麼「戲」。這就需要 IT 部門為業務部門賦能。

作為第一線部門，業務部門的需求變化很快。IT 部門如何提供有力的支持？一味地被動回應需求肯定不行，被動接受需求的結果不是需求過多回應不過來，就是業務部門提不出需求，IT 部門乾等，也就無法產生價值。對 IT 部門來說，解決這一問題的有效方法就是積極主動，拒絕「搬磚」。

錦上添花遠不如雪中送炭，在需求過少的情況下，IT 部門可以主動瞭解業務部門的情況，幫助解決緊急需求，獲取業務部門的信任。下面所講的某藥商線上考試系統的例子就是如此。該藥商的人力部門準備進行一次人才盤點考試，在準備考題的時候，因缺乏線上考試系統導致進度停滯不前。眼看考試時間將近，在人力部門情緒低迷時，IT 部門得知這個資訊，考慮到採購成本與專案時間的問題，利用現有的工具，快速架設了如圖 3-26 所示的線上考試系統，最終線上考試順利進行。人力部門一直誇 IT 部門雪中送炭。並且，在此之後，很多業務部門的一些臨時需求、緊急需求都被 IT 部門快速回應，大家對 IT 部門認可逐漸增強。而 IT 部門在這一過程中增進了對業務邏輯的瞭解，在推進一些專案的時候，也會充分考慮業務需求，做出更合理的規劃和安排。

另一個有效的方法是 IT 人員借助自身技術優勢找到主動溝通的切入點。平時 IT 部門做系統監控，更多的是關注 IT 裝置的運行狀況，或關注系統或平台的安全狀況，都是在保證系統的可用性，為業務營運做好系統支援。其實 BI 平台也面臨驗證使用效果和改善系統性能的問題。要解決這些問題，得從 BI 平台的使用者，也就是業務人員入手。IT 人員要主動找業務人員溝通，但是要有技巧，事先做一些功課，為溝通做好準備。

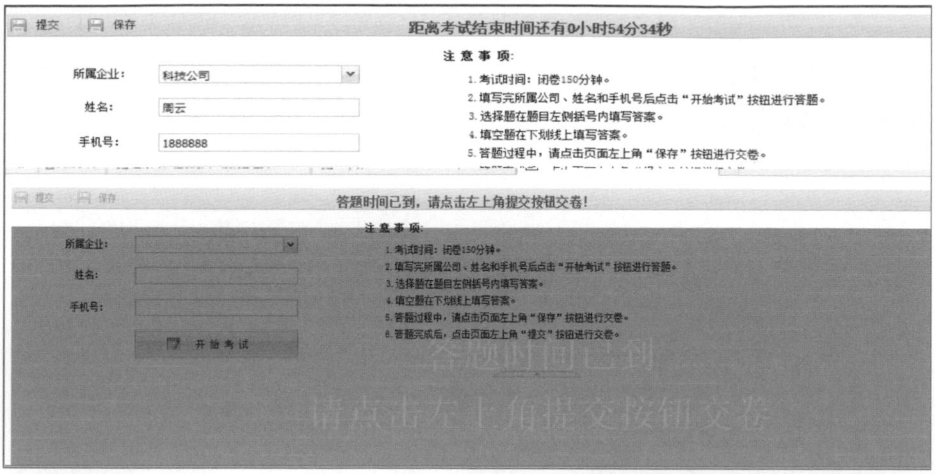

圖 3-26 快速架設的線上考試系統

IT 部門可以根據 BI 平台使用狀況的即分時析頁面，分析哪些部門、哪些人對哪些頁面的存取量比較高，然後找到這些部門和人主動交流，收集回饋，總結經驗。此外，也要分析哪些部門、哪些人對哪些頁面的存取量比較低，然後針對性地採取措施。特別注意為什麼有些部門、有些人對 BI 平台存取量低，並做重點溝通，瞭解是個人抵觸 BI 平台，還是 BI 平台未能滿足其需求，從而逐步解決問題。

當需求變多時，IT 部門需要靈活地處理和應對，這時拒絕「搬磚」就顯得非常重要了。經常聽到 IT 人員自嘲，稱自己為「取數機」、「查數菇」，因為在幫助業務部門提取資料上耗費了太多的時間，並且吃力不討好，最終還表現不出自身的價值。其實，對於提取資料這種類似「搬磚」的工作，IT 部門只需要為業務賦能，將需求固化和自動化，例如製作 BI 報表並提供查詢介面給業務部門，便能節省大量的時間。如圖 3-27 所示，業務自動化的轉變在於業務人員需要資料時可以直接自行查詢，不用等待 IT 部門的排期就能聚焦於資料分析與處理；IT 部門也可以將時間花在更有價值的需求上，一次開發即可重複使用，還避免了雙方在過程中的溝通和瞭解誤差，實現真正的雙贏。

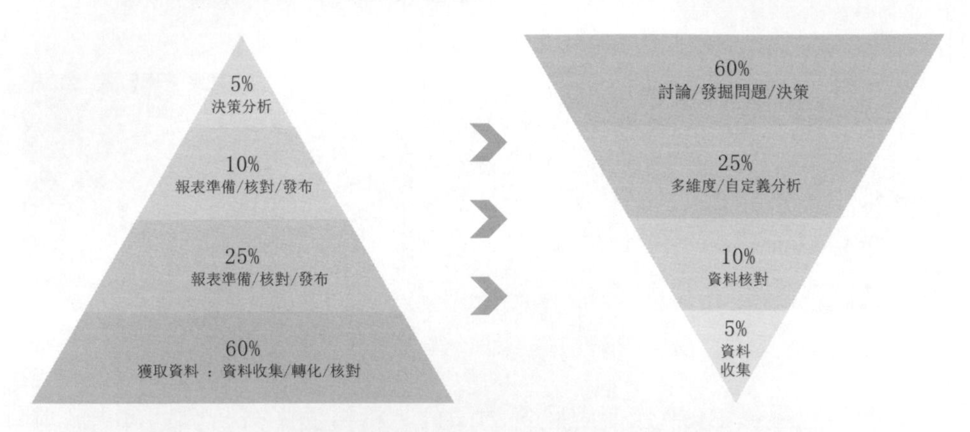

圖 3-27 業務自動化前（左圖）vs. 業務自動化後（右圖）

3.5 高層推動：想辦法爭取主管支持

企業中有一個很常見的現象，就是 IT 部門經常會受到主管的質疑。比如主管會說「你們 IT 部門就是成本部門」，質問「你們一年花了這麼多錢，成果在哪兒？創新在哪兒？」、「你們 IT 部門一味在回應業務的需求，你們回饋過業務嗎？」諸如這種。有人可能會說，主管質疑便質疑，我做好專案，主管自然會收回這些成見。但是不能忽略的一點是，在 BI 專案（很多專案也都是如此）的建設過程中，高層主管的支持非常重要，在很大程度上決定著 BI 專案能否高效落實。

舉例來説，筆者的客戶某輪胎製造企業分析其在資訊化方面飛躍式發展，榮獲「兩化融合」試點的原因時，就表示相當重要的內因在於企業主管對資訊化、對資料的先進認知。資料是資訊資產，也是生產力。該企業的高層意識到，很多生產和業務管理中的隱性問題，是可以透過資料分析和採擷而發現的。高效利用企業累積的工業資料，可以為客戶提供更多的加值服務，還能開拓新的商業模式。

某知名地產企業在地產產業利潤整體呈現逐年下滑的趨勢下，關注企業利潤增長品質，將資料應用提升到集團戰略層面，在建設資料決策平台時，確定對內精細化營運、輔助決策，對外價值變現的兩個方向，最終實現新的增長。

可以看到，高層主管的支援能夠讓企業全員上下一心，使 BI 專案事半功倍。那麼面對主管的質疑，專案團隊如何才能打破成見，獲取支持呢？筆者總結了以下 3 點：

1. 站在主管角度看問題

要獲取主管的支援，首先需要明白主管是怎麼想的，也就是站在主管的角度看問題。主管所關心的問題不外乎發生了什麼、怎麼得出的結論，以及價值如何衡量等。那麼，IT 部門在向主管請求支持時就可以從這幾點出發，告訴主管當前企業中發生了什麼，是怎麼發現的，引出需要建設 BI 專案的結論，再介紹 BI 專案的價值以及價值衡量方式。這樣主管很快就能瞭解到他們想要的資訊，自然也就更容易為專案提供支援。第 1 章提到的某時裝企業 BOSS 互動螢幕便是一個很好的例子。主管直接在互動螢幕上查看門店資訊，不用打電話索取業務和財務資料，他自己都使用方便，自然會支持繼續推進 BI 專案。還有某醫藥集團也是如此，直接在老闆的辦公桌上加了一台電腦，把他最關心的一些指標放在一個頁面上，並且從不關機。老闆及時掌握公司動態後，確實發現了管理上的很多問題，後續 BI 專案的推進順利了不少。

2. 用主管聽得懂的話做好專案匯報

做專案匯報也是贏得主管關注的好機會。一個好的專案匯報應該關注企業戰略和主管意圖，並清晰總結專案價值（也即將其量化）。在匯報的時候，切忌一股腦兒背誦工作日志，而要言之有物。有一點必須瞭解，其實主管在聽匯報時關注的重點仍然是價值、進度和資源等方面。

- 首先主管肯定希望瞭解專案的內容，現在有什麼價值，這是判斷後續是否繼續投入人力和資金的重要決策因素。而且專案帶來的價值最好是與企業發展戰略契合的，並且是可量化的，例如提高了多少生產效率，節省了多少人力，帶來了多少的銷售額等。

- 瞭解專案價值後，主管會根據當前的專案進度和風險去評估專案能不能及時上線，有沒有一些意外情況，各部門是否能夠正常推進等。

- 最後是資源，如果現有的資源不能支撐專案的進行，那麼就需要主管介入，幫助專案團隊協調資源。同樣，你必須說服主管，而用來說服主管的法寶仍在於專案價值，由此可見對價值的總結和量化十分重要。

3. 世界那麼大，多帶主管去看看

市場上永遠不乏在資訊化建設上敢於創新的企業，如果擔心自己講不出 BI 專案的價值，無法說服主管，那麼不妨帶主管走出去看看，去聯合組織取經，去產業會議上與同行交流，同時也能擴充自己的專案想法。還是來自筆者客戶的案例，某製造企業 CIO 規劃了 BI 財務分析專案交由 CFO 拍板，但是 CFO 覺得沒有必要建設 BI 專案。一次偶然的機會，該製造企業 CIO 帶著 CFO 參觀兄弟企業，看到了 BI 專案建設成果。參觀結束後 CFO 馬上認可了 BI 的價值，並為 IT 部門提供了大量的資源支援。原因很簡單，該兄弟企業的 CFO 現身說法，並且在業務層面與這家製造企業的 CFO 更有共鳴，站在相同的角度，說出的話自然更具有說服力。當然，這裡說的產業會議指的是真正交流和解決問題的大會，而非一堆軟體公司宣傳自己產品的大會。

另外，對於 BI 專案，除了和 BI 廠商溝通外，也要去廠商的客戶企業看看，最好是同產業的、典型的客戶企業，多去幾家，這樣才能讓主管知道自己的 BI 專案能做成什麼樣，做到心裡有底。

3.6 MVP 與資料文化：在企業內部推廣 BI 專案

前面說過，失敗的 IT 專案通常有一個問題，上線後沒有在企業內部推廣，這裡的推廣可以視為在 BI 專案開始前就找到合適的切入點，規劃好推廣路徑，以及專案結項後在企業內部擴大專案的影響力。關於專案推廣的原則，根據筆者的經驗可以總結為 8 個字：點線結合，穩步推進。

這裡的點指的是試點，點線結合指的是選擇重點模組作為試點（速贏專案），再根據試點的經驗和教訓，向其他職能部門推廣 BI 專案，從而連成一條線，這一點第 2 章在介紹 BI 專案規劃時已經有所提及。穩步推進指的是由於各業務系統的重點分析內容及資訊化程度各有不同，建議各業務系統和 BI 專案的建設以相互促進的方式進行。從整體來看，點線結合、穩步推進的做法能夠有效控制風險，不斷驗證。本節將重點介紹試點的選取，以及企業內部的 BI 專案推廣與資料文化建設。

1. 試點的選取：MVP 的想法

MVP 是 Eric Ries 在《精益創業》一書中提出的概念，書中對 MVP 的解釋為「最羽量級的可行性產品（Minimum Viable Product）」。放在 BI 專案中，MVP 可以視為某一業務主題甚至是某一業務指標的分析，小到可以僅是一張報表。MVP 的作用在於為 BI 專案提供一個好的切入點。如 MVP 獲得成功也就表示專案後續可以快速複製和推廣，這也是 BI 專案快速實現並擴大價值的有效途徑。

不過需要注意的是，MVP 有兩層含義，即輕量和可行，相比輕量，可行更加重要。因此，BI 專案中試點 MVP 要選擇配合度高、難度低、痛點明顯的，也就是專案風險小，但產出較大的專案。這樣才能更具説服力，充分發揮 MVP 的價值。

我們來看一個大型集團的例子。該大型集團由於擁有許多子公司，每月的財務總結對 IT 部門和財務部門而言都是一項艱鉅的任務。因此，該集團決定 BI 專案的建設首先從財務模組入手。財務綜合分析模組首先在 BI 平台上線，幫助 IT 部門和財務部門解決了資料處理的工作量問題：

- IT 人員無須再為財務部門頻繁變動的報表需求進行重複的開發工作，只需透過平台的資料封包功能，將來自各個業務系統的資料做成資料封包，設定好不同的許可權就可以了。
- 財務人員也無須用 Excel 進行複雜的資料處理和分析，只需要對平台上的資料封包進行簡單拖曳操作，就可以生成形式多樣的圖表範本。

這個模組上線後，財務人員幾乎不需要再花時間進行資料處理，有更多的精力關注資料內在的價值。

在業務價值的層面，財務綜合分析模組幫助集團總部財務人員及時發現並追蹤財務資料異常情況，排除局部的營運問題並及時校正，降成本，增效率。以成本監控為例，根據預先設定好的資料範本，財務綜合分析模組能夠在第一時間將各子公司上報的財務資料生成成本報表，財務人員則可以透過視覺化圖表，對不同區域、不同機構、不同的成本項資料進行層層鑽取查看，對各個機構的成本情況進行相較去年、環比或水平比較等多維度的分析，而且一旦發現異常波動和偏差，模組也能夠發出警告。

有時候子公司剛剛完成資料上報，幾分鐘後集團總部財務人員的電話可能就打過來了，告知資料哪裡出現了偏差，詢問為什麼成本較上個月出現這麼大的波動。集團總部總能第一時間發現問題，追蹤問題，財務資料分析成為精確掌握公司營運動態的有效手段。這就是財務綜合分析模組提供的價值。

由於 BI 平台帶來了巨大的價值，集團總部財務部門主動帶頭，啟動了對各分 / 子公司財務部門的 BI 平台教育訓練，讓平台真正服務於集團的所有財務人員，為集團財務轉型累積能量。

2. 專案在企業內部的推廣與資料文化建設

在企業內部，專案的推廣模式有從上往下和自下而上兩種。從上往下是指請領導層先使用 BI 專案開發的功能，然後逐步向下級部門推廣，適用於資料比較集中且品質比較好的企業；自下而上則是指由基層部門先開始使用，進而推廣到上級部門，適合資料比較分散的企業。和 MVP 原則類似，都是先做好一個試點，大家認可之後，再做好其他的點。專案推廣的具體方法有舉辦專案結案會或慶功會等，專案團隊也可以帶著專案積極參加系統內的大賽，為專案背書等。

除了內部的推廣，建設企業資料文化也是擴大 BI 專案影響力的有效措施。企業內部的文化環境是建置企業資料分析生態系統的陽光和雨露。只有企業上下形成用資料說話的意識，同時為每個員工賦能，提升員工的資料素養，才能使 BI 專案發揮活力，持續為企業帶來價值。

資料文化的建設主要是培養一種氣氛，具體的表現形式有很多，IT 部門要有意識地啟動。例如企業在召開經營分析會議時，IT 部門可以透過主動使用更多資料報表啟動討論，讓大家在討論業務問題時，養成基於資料分析、沒有資料不做討論的習慣。另外，IT 部門還可以開展進階的資料分析專題教育訓練，例如資料分析思維、儀表板設計佈局、用資料講故事等；以及組織企業內部的資料視覺化大賽、職業資格認證考試，例如 FCBA（帆軟認證資深報表工程師）、FCBP（帆軟認證資深 BI 工程師）等，不斷營造和豐富企業的資料分析文化，使企業朝著人人都能用資料講故事、人人都是資料分析師的目標邁進。

3.7 安全性原則：保障 BI 系統安全

BI 系統要持續正常地運行，除了性能穩定、不當機、不出故障外，還需要保障其資訊安全。資訊安全是一種狀態，指系統的硬體、軟體及其中的資訊受到保護，能持續正常地運行和服務。實現資訊安全的本質就是保護電腦硬體、軟體、資料不因偶然的或惡意的原因而遭到破壞、更改和洩露。我們監測到的資訊安全事件只是冰山一角，新型病毒傳染、網路駭客攻擊、企業內部洩密等很多安全事故可能在發生很久之後才會被發現。

在外部安全環境形勢越來越嚴峻的背景下，越來越多的企業開始重視自身資訊系統的安全。對於以企業資料作為「血液」來維持運轉的 BI 專案，安全更是重中之重。然而資訊系統的安全不是有了安全防護軟硬體就萬無一失的。導致安全問題的原因，還包括 BI 工具自身的設定或漏洞、企業內部安全意識不足等，更重要的一點是缺乏完整的 BI 系統安全性原則。這也是為什麼我們將 BI 系統安全性原則放在本章來講，一方面，資訊安全是影響 BI 專案成功的一項關鍵要素，是 BI 系統持續正常運行的前提；另一方面，資訊安全本身也需要有完整的策略來保障。

因此，企業的 BI 系統安全需要用完整的安全性原則啟動，做好基本的安全宣傳，採取內外網隔離，以及安裝相關安全防護軟硬體等措施。在採購 BI 工具時，對安全性也應提出更高要求（採購 OA、ERP、CRM 等系統也是如此），例如必須修復已知的安全性漏洞，提供第三方權威機構的安全掃描檢測報告，要求供應商在帳戶安全、資料安全、營運安全等方面提供完備的解決方案等。

針對不同安全防護等級，BI 系統應該具有基本安全防護能力，這是對系統安全的基本要求。根據實現方式，對安全的基本要求可以分為兩種：技術類別和管理類別。對應於基本要求，企業 BI 系統安全整體策略也可以分為技術安全性原則和安全管理策略兩種，如圖 3-28 所示，下面將逐一多作說明。

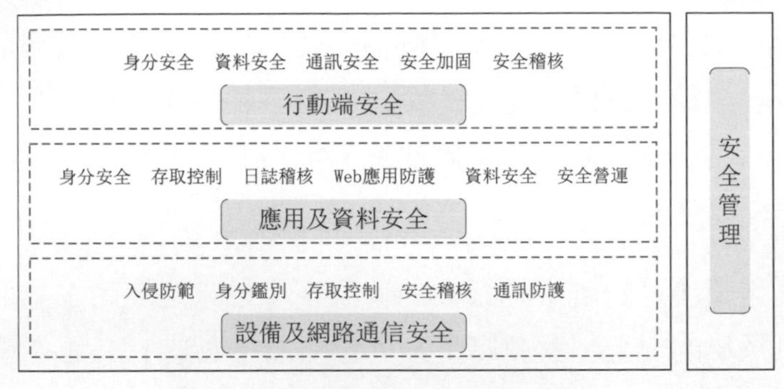

圖 3-28 企業 BI 系統安全整體策略

3.7.1 技術安全性原則

技術安全性原則與 BI 系統提供的技術安全機制有關，主要透過在 BI 系統中部署軟硬體並正確地設定其安全功能來實現，這也是 BI 系統所必備的安全能力。為了便於瞭解，我們從裝置及網路通訊安全、應用及資料安全、行動端安全等 3 個方面解讀和說明技術安全性原則。

1. 裝置及網路通訊安全性原則

表 3-3 和表 3-4 總結了裝置及網路通訊安全性原則對應的具體措施。

表 3-3 裝置安全性原則對應的具體措施

措施	描述
入侵防範	• 對 BI 應用伺服器進行安全加固，能夠檢測到入侵行為，記錄入侵的 IP 位址、攻擊類型、攻擊目的、攻擊時間等關鍵資訊，並在發生嚴重入侵事件時發送警示。 • 為 BI 應用伺服器安裝防惡意程式碼軟體，並及時更新防惡意程式碼軟體和惡意程式碼庫。
身份鑑別	• 對登入 BI 應用伺服器作業系統的使用者進行身份鑑別。 • 登入失敗後實施必要的限制措施，如結束階段、限制非法登入次數和自動退出等。 • 對伺服器遠端系統管理採取必要措施，防止身份鑑別資訊在網路傳輸過程中被監聽。 • 為登入 BI 應用伺服器作業系統的不同使用者分配不同的用戶名，同時採用兩種或兩種以上組合的鑑別技術對使用者身份進行鑑別。
存取控制	• 對 BI 應用伺服器的使用者進行存取控制，控制其對資源的存取。 • 及時刪除多餘、過期的帳戶，避免出現共用帳戶。 • 對允許登入伺服器的終端進行條件限制（例如限制 IP 位址、MAC 位址以及硬體等）。
安全稽核	• 稽核範圍應覆蓋協作管理軟體的伺服器和重要用戶端上的每個作業系統使用者和資料庫使用者。 • 稽核內容應包括重要使用者行為、系統資源的異常使用和重要系統命令的使用等系統內重要的安全相關事件。 • 應保護稽核記錄，避免被非預期地刪除、修改或覆蓋等。

表 3-4 網路通訊安全性原則對應的具體措施

措施	描述
網路裝置防護	• 對登入網路裝置的使用者進行身份鑑別，而且使用者的標識應唯一，具有不易被冒用的特點。 • 主要網路裝置應有兩種及以上的身份鑑別技術。 • 設定防暴力破解功能，比如，登入失敗則結束階段，限制非法登入次數，一旦網路登入連接逾時就自動退出等措施。 • 限制網路裝置管理員的登入位址。
網路邊界安全	• 在網路邊界部署存取控制裝置，啟用存取控制功能。 • 在網路邊界處監視以下攻擊行為：通訊埠掃描、木馬後門攻擊、拒絕服務攻擊、緩衝區溢位攻擊、IP 位址碎片攻擊和網路蠕蟲攻擊等。 • 能夠對邊界進行完整性檢查，有效阻斷內網使用者私自存取外網和非授權使用者私自存取內網。
安全稽核	• 用記錄檔記錄系統中的網路裝置運行狀況、網路流量、使用者行為等。 • 稽核記錄應包括：事件的日期和時間、使用者、事件類型、事件是否成功及其他與稽核相關的資訊。 • 能夠根據記錄檔記錄資料進行分析，並產生稽核報表。 • 對稽核記錄進行保護，避免被非預期地刪除、修改或覆蓋等。
HTTPS 通訊	• 經由 HTTPS 通訊，利用 SSL/TLS 加密資料封包，防止從外部獲取網站帳戶及隱私資訊。 • HTTPS 服務端證書可提供網站伺服器的身份認證，用於驗證網站所有者身份，保護交換資料的隱私及完整性。 • HTTPS 用戶端證書可提供用戶端身份標識的認證，用於辨識用戶端或使用者的身份，向伺服器驗證，精準確定存取者身份。 • 服務端、用戶端雙向認證，避免匿名通訊，確保通訊雙方身份一致，彼此信任。

2. 應用及資料安全性原則

BI 系統應提供身份安全、存取控制、記錄檔稽核等安全機制來保護帳戶安全，防止未授權的使用者操作，還要保障應用安全、資料安全和運行維護安全。

（1）身份安全。身份安全用於鑑別登入使用者的真實身份，可以使用「用戶名+靜態密碼」的方式。在認證方式上，BI 系統需要支援使用 LDAP/AD 或 HTTP 認證，以及支援透過延伸開發編寫介面，實現其他認證方式，如 ADFS（主動目錄聯合服務）。有的 BI 產品如 FineBI，除提供以上具體安全性原則外，還能在使用者登入時提示上次登入地，而且支持單點登入，開啟登入驗證碼後，將在用戶名和密碼之外再增加一層安全防護。

（2）存取控制。為了保證資訊和資源存取的安全，防止對任何資源進行未授權的存取，使系統在合法的範圍內被使用，存取控制是一項必不可少的技術，也是保護網路資訊安全最核心的策略之一。BI 系統可採用 OBAC 模型（Object-based Access Control Model，基於物件的存取控制模型）。OBAC 模型的核心是控制策略和規則，它能夠將存取控制清單與受控物件或受控物件的屬性相連結，並將存取控制選項設計為使用者、群組或角色及其對應許可權的集合；同時，允許對策略和規則進行重用、繼承和衍生操作，從資訊系統的資料變化和使用者需求出發，有效地解決使用者數量多、資料種類多、資源更新變化頻繁帶來的系統安全管理難以維護的問題。

（3）應用安全。XSS 跨站指令稿攻擊、木馬攻擊、SQL 注入、CC（Challenge Collapsar）攻擊等都是 Web 應用常見的安全問題，如果伺服器端沒有進行適當的處理，極易引起使用者敏感性資料洩露、系統癱瘓之類的問題。對於這些常見的 OWASP（開放式 Web 應用程式安全專案）攻擊，BI 系統應進行充分防範。這裡總結了一些常見應用安全防護策略，如表 3-5 所示。

表 3-5 常見應用安全防護策略

策略	詳細說明 / 意義
存取頻率限制	限制同一 IP 位址在一定時間內的存取次數，可以有效降低遭受爬蟲爬取資料、惡意存取以及 CC 攻擊的風險。
給請求標頭附加 security headers 系列屬性	可針對 XSS 跨站指令稿攻擊、點擊綁架、內容偵測等攻擊方式進行有效防護，保障應用的安全與可用性。
對上傳的檔案進行二進位表頭驗證	防止對有風險的檔案透過更改副檔名等方式偽裝後上傳。
使用 token 驗證替代 cookie 驗證	對於 CSRF（Cross-Site Request Forgery，跨站指令稿偽造），系統使用 token 驗證替代了 cookie 驗證，如果請求中沒有 token 或 token 內容不對，則無法存取。
禁用特殊關鍵字及字元逸出	防止 SQL 注入。
後台記錄檔輸出控制	防止系統運行異常導致堆疊洩露有關程式，避免向前台輸出異常堆疊、輸出敏感資訊。例如對 401、404 和 500 錯誤進行處理，避免洩露中介軟體類型和版本資訊。

（4）資料安全。不管是電腦病毒傳播還是駭客入侵，都屬於人為因素的安全威脅，而這一種威脅以企業內部人員及商業間諜對資訊安全的影響最大。人為因素的安全威脅很難辨識，因此對資料本身的防護就顯得尤為重要，目的是阻斷人為因素或減小人為因素帶來的不利影響。表 3-6 列出了主要的資料安全防護策略。

表 3-6 資料安全防護策略

分類	防護策略	詳細說明 / 意義
底層防護	支持 HTTPS	支援使用者自行設定 HTTPS 存取，增加第三方監聽、攔截和破解資訊的難度。
	密碼加密儲存	所有的使用者密碼都採用 SHA256 演算法加密，管理員也無法獲取。連接其他系統的密碼採用 RSA（2048 位元）非對稱加密，每個系統可以自行設定加密金鑰，保障密碼安全。
	分配資料連接許可權	透過分配資料連接的許可權，確保使用者只能看到及使用自己有許可權的資料連接。
	設定資訊安全	設定資訊不以檔案形式儲存，而是儲存到資料庫中，並能夠外接到指定的資料庫，確保設定資訊不被洩露。
	SQL 記錄檔	對所有的資料操作提供監控功能，執行的 SQL 敘述都將被記錄在記錄檔中，資料改動有跡可循。
前端防護	禁止透過 URL 直接存取	對非登入使用者存取系統資源也進行監控，開啟限制後，非登入使用者無法存取後台資源，解決使用者擔憂外網開啟後會有非授權使用者透過 URL 存取系統的問題。
	資源許可權	對報表範本、分析結果和系統設定存取或編輯的許可權，比如不同使用者存取同一報表會顯示不同資料。
	操作許可權	對報表或分析結果的列印、匯出或資料輸入設定許可權，比如只有特定角色才可以匯出 Excel 檔案。
	安全浮水印	在存取報表等頁面時，在頂層顯示浮水印，以達到震懾及溯源的目的，提高洩密成本，降低洩密風險。浮水印可設定為存取 IP 位址、存取人、存取時間等資訊的組合。

（5）運行維護安全。運行維護安全包括稽核記錄檔、備份還原等。稽核記錄檔可以幫助稽核人員對風險或違規操作進行稽核，也可以幫助瞭解和診斷安全狀況。記錄檔稽核策略如表 3-7 所示。此外，BI 系統

還應具備備份與還原的功能，確保系統發生故障或被惡意更改後可恢復。

表 3-7 記錄檔稽核策略

針對的角色	策略
管理員	記錄管理員修改系統設定、對使用者進行增 / 刪 / 改、對資源目錄進行增 / 刪 / 改和對許可權進行增 / 刪 / 改等行為，記錄的資料包括操作時間、操作的 IP 位址、操作模組、設定項目、被存取的資源和操作類型等。
使用者	記錄普通使用者登入記錄檔以及在系統中的行為記錄檔，包括存取記錄、資源匯出 / 列印記錄，記錄的資料包括操作時間、操作的 IP 位址、被存取的資源、操作類型和詳情等。

3. 行動端安全性原則

如今是行動網際網路時代，行動端安全也是 BI 系統安全防護的重中之重，一般透過身份安全、資料安全、用戶端運行安全、網路通訊安全、安全稽核等來保障行動端安全。

（1）身份安全。BI 系統應該對登入使用者身份的唯一性進行標識和鑑別，針對終端常見的攻擊手段提供對應的安全防護策略。常見的身份安全防護策略見表 3-8。

表 3-8 常見身份安全防護策略

防護策略	詳細說明 / 意義
手勢密碼登入	除正常的「帳號 + 密碼」登入方式外，還可以設定手勢密碼來加強身份鑑別。
登入驗證	登入時除需要帳號（用戶名）和密碼外，還需要與帳號相匹配的動態驗證碼，保障帳號資訊安全，有效防止暴力破解。

防護策略	詳細說明 / 意義
裝置綁定	透過裝置綁定功能，對登入的裝置進行授權綁定後，該帳號只能在指定裝置上登入，裝置更換或遺失時，管理員也可以及時解除原有綁定，避免安全隱憂。

（2）資料安全。行動端的資料安全涉及兩個方面的內容：授權系統的設計和用戶端本地資料的安全管理。在保障用戶端本地資料安全時，主要關注本地檔案內容和本地記錄檔內容的安全。其中，本地檔案內容安全要求企業對敏感性資料，如用戶名、密碼等，加密儲存；本地記錄檔內容安全要求企業限制本地記錄檔輸出等級，確保本地記錄檔中不存在敏感資訊。

（3）用戶端運行安全。保障用戶端運行安全，核心是對 Activity 的綁架保護。行動端對於重要頁面要有提示功能，如發現登入頁 Activity 被綁架，應彈出提示，防止被惡意攻擊者替換為仿冒的惡意 Activity 介面進行攻擊和用作非法活動。

（4）網路通訊安全。行動端的網路通訊安全性原則主要包含 HTTPS 資料安全傳輸、支持 VPN，以及內外網隔離等，表 3-9 中做了總結和說明。

表 3-9 行動端網路通訊安全防護策略

策略	詳細說明 / 意義
HTTPS 資料安全傳輸	經由 HTTPS 進行通訊，利用 SSL/TLS 加密資料封包，防止從外部獲取網站帳戶及隱私資訊。
支持 VPN	透過 VPN 建立與企業內網的可信安全連接，解決使用者遠端連線過程中終端、連線、鏈路等環節的安全問題。
內外網隔離	透過代理設定實現行動端外網存取，實現內外網隔離。

（5）安全稽核。安全稽核是透過記錄檔實現的，記錄檔會記錄使用者行為，包括使用者行為發生的日期和時間、用戶名、事件類型等。記錄檔資訊應區分使用者行為是發生在行動端還是 PC 端，並根據記錄的資料進行分析，生成稽核報表。

3.7.2 安全管理策略

相比於技術上的漏洞，人們往往更容易忽略安全管理工作中的風險，這部分風險可能造成的危害並不亞於前者。因此，要在企業內加強資訊安全教育，培養安全意識，完善安全管理策略，從源頭保障 BI 系統的安全。安全管理策略與 BI 系統中各種角色參與的活動有關，要透過制訂政策、制度、規範、流程以及做記錄，控制各種角色的活動。下面介紹一些具體的安全管理措施。當然，很多措施不只對 BI 系統有用，對於企業的整體資訊安全都是非常有必要的。

1. 設立資訊安全管理部門

企業應設立負責資訊安全管理的職能部門，設立安全主管、系統管理員、安全管理員和網路系統管理員等負責人，並制訂檔案，明確安全管理部門及各負責人的職責；根據各個部門和職位的職責進行授權或分級授權，並定期審查授權情況。另外，企業需要加強各管理人員、內部組織機構及安全職能部門之間的合作和溝通，同時加強與 BI 廠商、專業安全公司、安全組織的合作和溝通，以應對各種突發安全狀況，協作處理資訊安全問題。對於 BI 系統，企業可以配備專職（不可兼任）的安全管理員，而且關鍵交易性職位應配備多人共同管理。安全管理員應定期檢查 BI 系統的安全狀況，包括日常運行狀況、系統漏洞和資料備份等，並寫成安全檢查報告。

2. 人員安全管理

企業聘用關鍵職位人員前應進行背景審查，包括個人身份與履歷的審查，聘用後需要與其簽訂保密協定。企業還要建立安全教育訓練制度，定期對所有工作人員進行資訊安全教育訓練，提高全員的資訊安全意識。在關鍵職位人員離職時，企業應嚴格執行規範的離職流程，及時終止離職員工許可權，關鍵職位人員承諾調離職位後的保密義務方可離開。另外，外部人員存取企業 BI 系統須事先提出書面申請，批准後在專人陪同或監督下使用，並登記備案。

3. 存取控制管理

存取控制管理的核心是建立 BI 系統的存取權限管理制度。安全管理部門應根據人員職責分配不同的系統許可權（滿足工作需要的最小許可權），而且未明確允許的許可權一律禁止使用。此外，安全管理部門還需要定期檢查，如發現不恰當的許可權設定應及時調整。

4. 設施安全管理

企業中的設施種類非常多，管理起來相對麻煩，需要為不同的設施類別配備專門管理人員進行規範的管理。舉例來說，由專門的部門或人員定期對機房供 / 配電、空調、溫 / 濕度控制等設施維護和管理；為資訊系統相關裝置、線路等指定專門的部門或人員，定期維護和管理；對終端電腦、工作站、便攜機、系統和網路等裝置的操作和使用進行規範的管理，按操作規程進行主要裝置（包括備份和容錯裝置）的啟動 / 停止、接上電源 / 斷電等操作。同時，安全管理部門應根據安全等級和涉密範圍，對人員出入採取必要的技術與行政措施進行控制，對人員進出的時間及進入理由進行登記，並且要確保經過審核後才能將資訊處理裝置帶離機房或辦公地點。

5. 網路和系統安全管理

安全管理部門應定期對網路和系統進行安全掃描和滲透測試，及時修補發現的安全性漏洞；應對電腦病毒等惡意程式碼進行預防和檢測，並在系統被破壞後及時恢復；應保證與所有外部裝置的連接均獲得了授權或允許；應依據操作手冊對系統進行維護，詳細記錄系統操作記錄檔，包括重要的日常操作、運行 / 維護情況、參數的設定和修改等，嚴禁進行未經授權的操作，並定期分析系統操作記錄檔和稽核資料，以便及時發現異常情況。

6. 備份與恢復管理

首先，安全管理部門應辨識需要定期備份的重要業務資訊、系統資料及軟體系統等。接著，建立資料備份與恢復相關的安全管理制度，對資訊的備份方式、備份頻度、儲存媒體和保存期等進行規範。然後，根據資料的重要性和資料對系統運行的影響，制訂資料的備份策略和恢復策略，備份策略須指明備份資料的放置場所、檔案命名規則、媒體替換頻率和將資料離站運輸的方法，還須建立控制資料備份和恢復過程的流程。最後，根據制度、策略及流程定期執行備份過程或隨選執行恢復過程。備份過程要有記錄，所有檔案和記錄應妥善保存。執行恢復程式時，應檢查和測試備份媒體的有效性，確保可以在恢復程式規定的時間內完成備份的恢復。

7. 應急預案管理

安全管理部門應在統一的應急預案框架下制訂不同事件的應急預案。應急預案框架一般包括啟動應急預案的條件、應急處理流程、系統恢復流程、事後教育和教育訓練等內容。並且，企業需要從人力、裝置、技術和財務等方面確保應急預案的執行有足夠的資源保障，同時定期根據實際情況更新應急預案並開展應急演練。

3.7.3 典型安全防護場景

本節我們介紹一些典型的安全防護場景，包括惡意存取防護、帳戶安全設定及防止資料洩露等。

1. 惡意存取防護

隨著「巨量資料」大熱，「爬蟲」也漸漸為人所熟知，對於企業而言，資料被爬蟲爬取後可能引發很大危害。曾發生過這樣的事，多家航空公司的低價機票資料被爬蟲提取出來，然後這些機票被加價出售，對航空公司造成非常大的干擾，也擾亂了市場秩序。而且，和 CC 攻擊一樣，由於爬蟲爬取資料時對伺服器發送大量請求，會導致伺服器壓力過大，影響業務人員的正常使用系統，甚至導致伺服器當機。

正常的反爬蟲技術包括控制存取頻率、使用代理 IP 位址集區、封包截取、驗證碼的 OCR（光學字元辨識）處理等。其中，控制存取頻率是非常有效的一種手段，透過限制單 IP 位址一段時間內存取資料的次數，可以有效遏制爬蟲爬取資料。某些 BI 工具就提供了控制存取頻率的功能，開啟後，可以對單 IP 位址一定時間內的存取次數進行監控，一旦超出次數則將該位址拉入黑名單，無法再存取網站資源，可有效緩解異常存取、爬蟲取數和 CC 攻擊的情況。

2. 帳戶安全設定

帳戶安全正成為威脅企業資訊系統安全的重要因素。比如，很多使用者設定的密碼過於簡單或在多個平台使用同一個密碼，並且沒有定期改密碼的習慣，這就給很多不法分子以可乘之機，只要透過簡單的遍歷操作，或透過使用者在其他平台上的帳戶和密碼，就可以破解其企業帳戶，然後盜取大量重要資訊，給企業帶來不可挽回的巨大損失。

一些安全保密等級強的企業，例如製造型外商，有很強的帳戶安全意識，但是目前只能透過下發檔案和管理層督促的手段來推動帳戶安全性原則的實施。這種傳統的方式不僅消耗大量人力，效果也常常不明顯，最終不了了之。

具體到 BI 系統上也是如此，為瞭解決密碼安全問題，大部分 BI 工具都提供了完整的強式密碼策略，包括：

- 增加 5 項密碼強度限制選項，管理員可設定密碼複雜度限制，如果使用者的密碼強度不滿足要求，在登入系統時會強制其修改密碼。
- 提供定期修改密碼的選項，到規定時間就提示使用者修改密碼，且新舊密碼不允許相同。
- 開啟修改密碼驗證，需要透過簡訊 / 電子郵件驗證才能修改密碼。

同時為了防止帳戶被盜用或被暴力破解，部分 BI 工具也提供了防暴力破解策略，包括：

- 設定登入失敗次數上限，若超過則鎖定帳戶或 IP 位址一段時間，可由管理員解鎖。
- 提供滑動桿、簡訊、電子郵件等 3 種登入驗證方式，確保帳戶不被盜用。

3. 防止資料洩露

現在企業每天會產生大量的線上資料，防止資料洩露也是資訊安全的重點。據調查機構資料顯示，企業面臨的資料洩露威脅，不光來自外部的入侵，還來自內部員工有意無意的洩露行為，堡壘都是從內部攻破的。

浮水印是一種防止資料洩露的有效方式，當內部員工截圖或匯出資料時，既可以提醒該員工，這是保密資料，禁止外傳，也可以造成震懾的作用。萬一有員工將帶有浮水印的資料洩露出去，企業能透過浮水印追查責任人和洩露來源。

本章從資料、人、工具、方法等層面總結和介紹了 BI 專案成功營運的技巧。企業能否充分發揮 BI 專案的價值，持續擴大 BI 專案的成果，關鍵就在於能否基於資料、模型、工具及方法等要素，充分發揮專案人員的主觀能動性。可以將 BI 專案負責人分為三種，三流的專案負責人只會從技術角度關注 BI 專案能否實現功能，二流的專案負責人會關注業務，關注 BI 專案是否符合業務邏輯，而一流的專案負責人會從全域把控，關注業務背後的目標、價值和落實點等內容，實現 BI 專案和企業戰略及業務策略的統一。BI 專案能否成功，其實檢查的是專案負責人的思維方式和格局。

Chapter

04

典型 BI 功能應用

• 本章摘要 •

建設 BI 專案時一定要針對應用場景，解決業務或管理工作上的痛點，這是專案成功的關鍵。BI 在企業中的應用分功能應用和業務應用兩種，功能應用源於企業對某些特定 BI 功能的需求，例如企業有在大螢幕和行動端等終端分析、展示資料的需求，有業務人員自己分析資料的需求等。本章介紹資料大螢幕、行動應用及自助分析等三大典型 BI 功能應用。

4.1 資料大螢幕

在很多電影，特別是科幻電影中，經常能看到人們站在一塊巨大的螢幕前，用手不停地指點、拖曳、開合，螢幕中的圖表和資料隨著手的動作對應地變化，然後操作者會根據螢幕上的資訊匯報工作或指揮軍隊、調度資源等。這種場景往往給人帶來震撼的視覺衝擊，這其實就是資料大螢幕的應用。

關於資料大螢幕，更專業的說法是大螢幕資料視覺化，它也是視覺化的一種，以大螢幕為資料展示的載體，特點是「面積大、動效炫酷、色彩豐富」。資料大螢幕的優勢在於能提供更直觀的資訊，並支援動態互動。

4.1.1 資料大螢幕與管理駕駛艙

資料大螢幕（有時也簡稱為大螢幕）一般是指大螢幕這一載體，大螢幕中的內容更多時候被稱為「管理駕駛艙」（也可簡稱為駕駛艙）。管理駕駛艙是一個為管理層提供的整合式決策支援的管理資訊中心系統。

企業高層在管理駕駛艙裡可以看到做決策時需要的所有重要資料。就像飛機上的儀表板一樣，管理駕駛艙以虛擬駕駛艙的形式，用各種常見的圖表形象展示企業營運的關鍵性能指標（KPI），直觀地監測企業營運情況，並且可以對異常指標進行預警和分析。一般來說，管理駕駛艙可以分為戰略型駕駛艙、操作型駕駛艙和分析型駕駛艙等三種。

1. 戰略型駕駛艙

戰略型駕駛艙的作用主要是讓使用者快速掌握企業的營運情況，並據此快速做出決策，總結過去的經營情況或擬定未來的戰略目標。這裡的營運情況主要是過去已經發生的情況，因此戰略型駕駛艙不需要展示即時資料，僅需要簡潔展示關鍵任務的資訊（如圖 4-1 所示），這些直觀的資訊有助管理人員迅速決策，定位和診斷出營運中存在的問題。

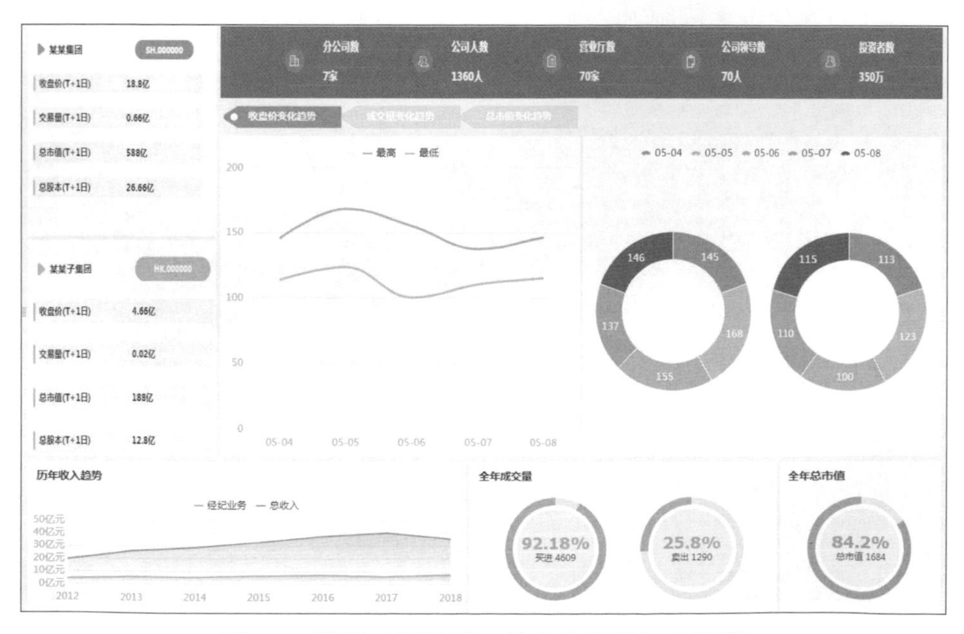

圖 4-1 戰略型駕駛艙：某上市公司年度計畫

戰略型駕駛艙主要針對企業總經理、CEO、CFO 等高層管理者，能夠隨時同步資料，保證部門和企業在正確的方向上朝著目標努力。類似汽車和飛機的駕駛艙工具，戰略型駕駛艙讓管理人員在任何時候都能清楚地知道，自己的部門和企業走到了哪一步，並且能專注於又快又穩地到達目的地。

2. 操作型駕駛艙

操作型駕駛艙強調持續地匯報即時資訊，因而對資料的時效性要求較高，用於監控企業每日生產進度和產出，以保證實際達成的業績與預期計畫相符，也就是保證戰略目標分解到每一天后的完成度。操作型駕駛艙提供的資訊，使小問題演變成棘手的大風險之前及時被發現和解決，並有助遞增地提高業績。圖 4-2 所示的就是一個監控生產廠房運行情況的操作型駕駛艙。

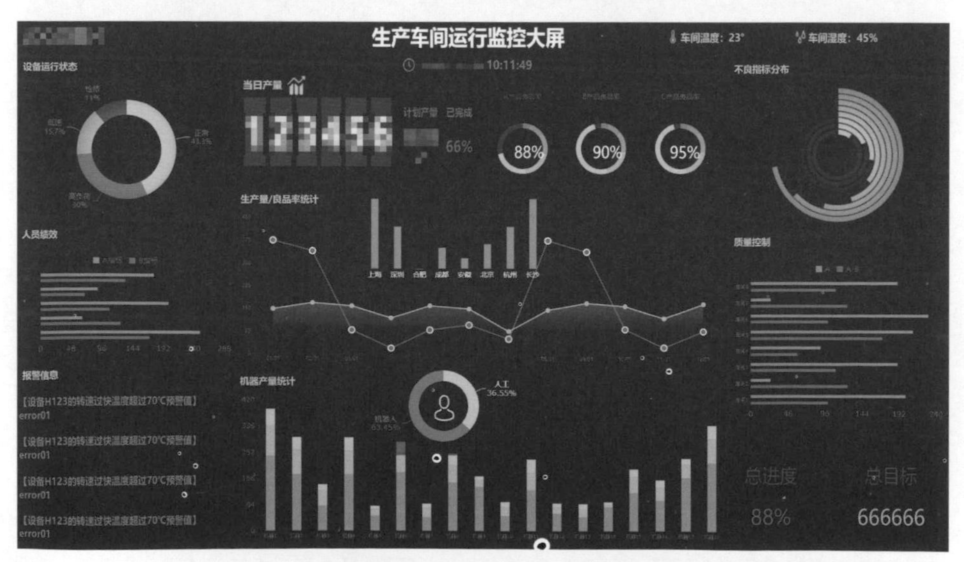

圖 4-2 操作型駕駛艙：某公司生產廠房運行監控大螢幕

操作型駕駛艙要從業務需求出發，實現對業務狀態和問題的提醒、監控和預警。

- KPI 監控：此項功能使企業能把控整體營運情況，將業務、風險、績效等領域內的核心指標透過圖形展現在監控者面前。
- 設定值預警：KPI 監控的目的之一是預警，因此操作型駕駛艙一般都會提供設定值預警功能，透過醒目的顏色，例如背景反白（紅、綠、藍）、轉速表等對異常情況發出警示。
- 即時資料監控：有些產業 BI 專案的操作型駕駛艙需要即時監控關鍵指標，例如交易所成交量、班機、地鐵運行線路等。

3. 分析型駕駛艙

分析型駕駛艙針對中層管理人員，由於他們負責將企業戰略落實到戰術執行層面，因此分析型駕駛艙需要直接、顯性地展現問題，連結可採取的行動，並且提供行動的優先順序。與其他兩種駕駛艙相比，分析型駕駛艙展示的資訊會更細，包含多個因素及變數之間隨時間變化的細節比較（參見圖 4-3）。

分析型駕駛艙的作用是讓管理者不僅可以看到表層現象，還可以深入探究背後的原因，透過鑽取、聯動、過濾等操作，從現象出發，沿著資料的脈絡尋找原因，例如銷售業績為什麼下降，回款時間長的原因是什麼等。

對於分析型駕駛艙，炫酷的視覺效果並不是必要的，其核心是能講出資料背後的故事，即業務問題及原因等，而不是空洞地展示資料，這也是中層管理人員在針對高層領導匯報時應注意的要點。

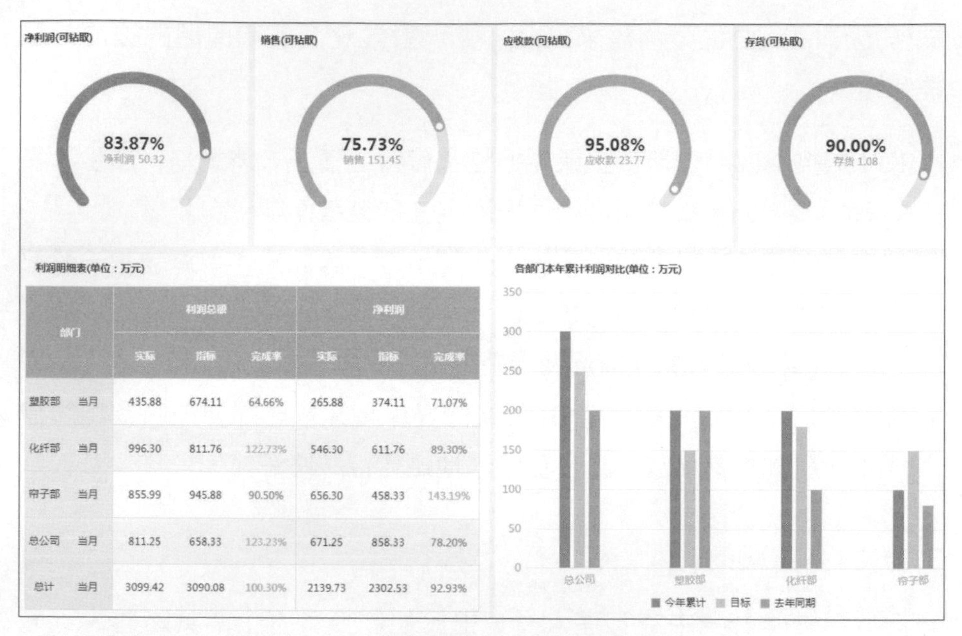

部门		利润总额			净利润		
		实际	指标	完成率	实际	指标	完成率
塑胶部	当月	435.88	674.11	64.66%	265.88	374.11	71.07%
化纤部	当月	996.30	811.76	122.73%	546.30	611.76	89.30%
帘子部	当月	855.99	945.88	90.50%	656.30	458.33	143.19%
总公司	当月	811.25	658.33	123.23%	671.25	858.33	78.20%
总计	当月	3099.42	3090.08	100.30%	2139.73	2302.53	92.93%

圖 4-3 分析型駕駛艙：某公司的利潤分析

4.1.2 資料大螢幕的應用場景

企業對資料大螢幕的需求主要來自企業形象展示、資料查看、經營分析會議、資料監控等應用場景。

(1) 很多企業每年都要接待政府組織或聯合組織的參觀、調研，有一個炫酷的資料大螢幕不僅方便展示相關業務資料，還能大大提升企業對外的形象。圖 4-4 所示為某製造企業為接待聯合組織參觀而建設的資料大螢幕展廳，來訪的企業和組織紛紛表示既直觀瞭解了企業資訊，又感受到十足的科技感，對該製造企業留下了非常深刻的印象。

圖 4-4 某製造企業的資料大螢幕展示廳

（2）在主管辦公室放一個即時展示企業經營資料的大螢幕，往往能給主管的工作帶來不少方便。圖 4-5 所示為某銀行為主管量身訂製的管理駕駛艙，將資產、負債、收益等指標，以及存貸款情況和不同分支機構的排名等資訊展示在一個大螢幕上，主管在辦公室抬頭看看就能瞭解整個銀行的經營情況。資料大螢幕也為後續制定和調整戰略提供了資料支援。

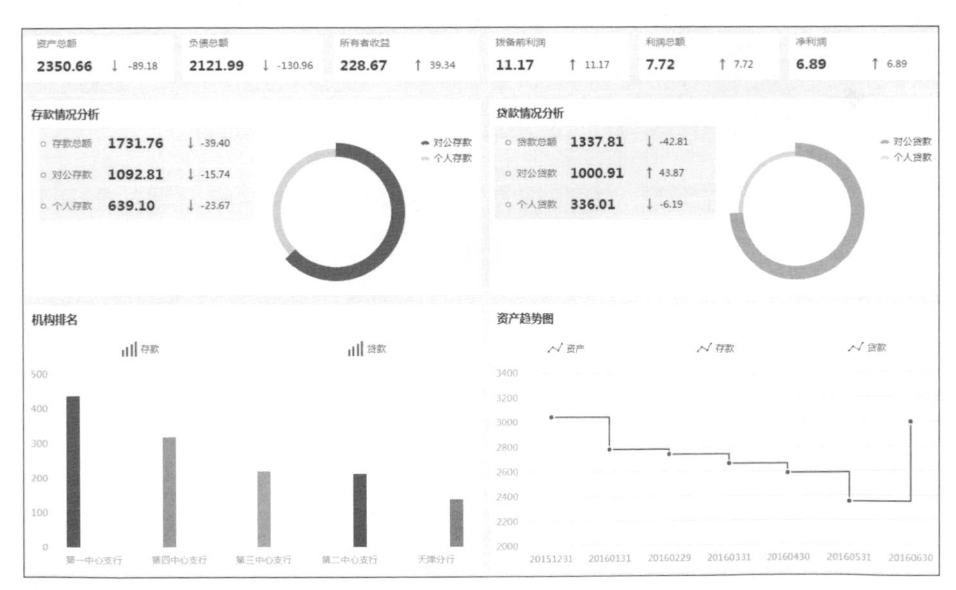

圖 4-5 某銀行為主管訂製的管理駕駛艙

（3）企業召開經營分析會議時，以往需要用 PPT 文稿做匯報，現在直接用資料大螢幕就可以了。圖 4-6 所示為某集團高層召開經營會議時的場景，在大螢幕上展示從 BI 系統直接讀取出來的資料，自動產生各種報表，不僅資料全面，而且能夠顯示歷史趨勢，既提高了會議品質和效率，又大幅降低了會議成本。

圖 4-6 某集團高層用資料大螢幕召開經營會議

（4）資料監控是在廠房、倉庫裡常見的業務場景。在廠房裡放置資料大螢幕展示排產計畫，能方便生產主管或工人掌控即時資料，及時調整生產活動等。

某車輛製造企業設有檢修業務，在生產廠房裡放置了圖 4-7 所示的車體檢修計畫大螢幕，對大螢幕中的檢修資料進行鑽取可以得到圖 4-8 所示的頁面。現場作業人員只需透過手機上報進入廠房車輛的車號，各班組開始對車輛進行檢修時，在手機上確認所檢修車輛的資訊，系統就可以根據該車對應的修程自動判斷完工時間，同時對檢修進度進行即時監控和預警。排程人員在電腦或手機上即可查看各廠房內的檢修情況，配送人員根據當前檢修進度，按照指定的時間將配件送到指定廠房，大大提高了配送的準確性和及時性，配件需求計畫的準確性達到 98% 以上。

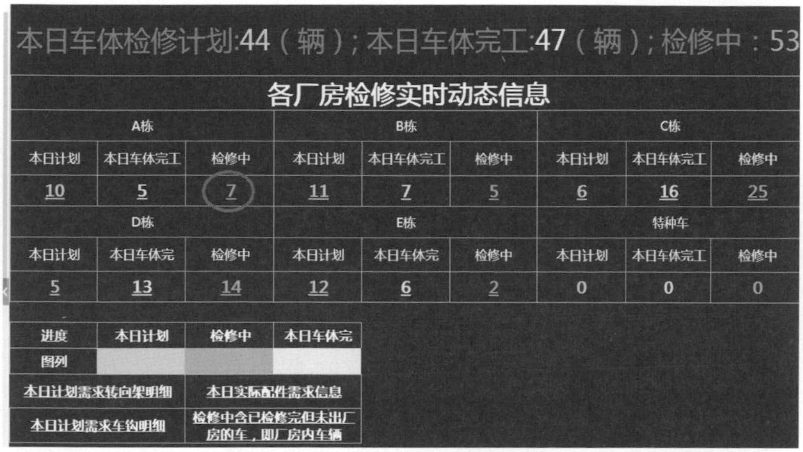

本日车体检修计划:44（辆）; 本日车体完工:47（辆）; 检修中：53

各厂房检修实时动态信息

A栋			B栋			C栋		
本日计划	本日车体完工	检修中	本日计划	本日车体完工	检修中	本日计划	本日车体完工	检修中
10	5	7	11	7	5	6	16	25
D栋			**E栋**			**特种车**		
本日计划	本日车体完	检修中	本日计划	本日车体完	检修中	本日计划	本日车体完工	检修中
5	13	14	12	6	2	0	0	0

进度	本日计划	检修中	本日车体完
图例			

本日计划需求转向架明细　本日实际配件需求信息

本日计划需求车钩明细　检修中含已检修完但未出厂房的车，即厂房内车辆

圖 4-7　某車輛製造企業的車體檢修計畫大螢幕

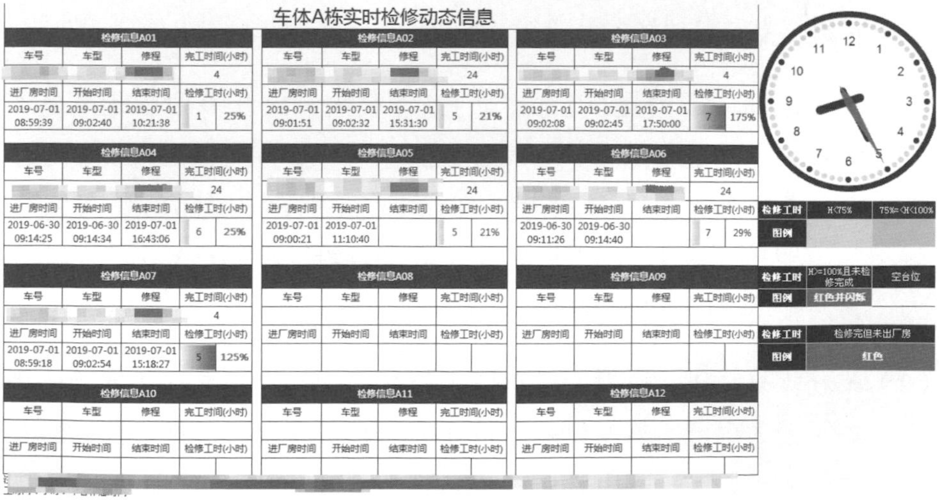

圖 4-8　對資料鑽取後得到的即時檢修動態資訊頁面

4.1.3 資料大螢幕的設計與開發

大部分的情況下，資料大螢幕的設計與開發會經歷 5 個步驟：需求調研、原型設計、視覺化設計、大螢幕偵錯、上線運行，如圖 4-9 所示。

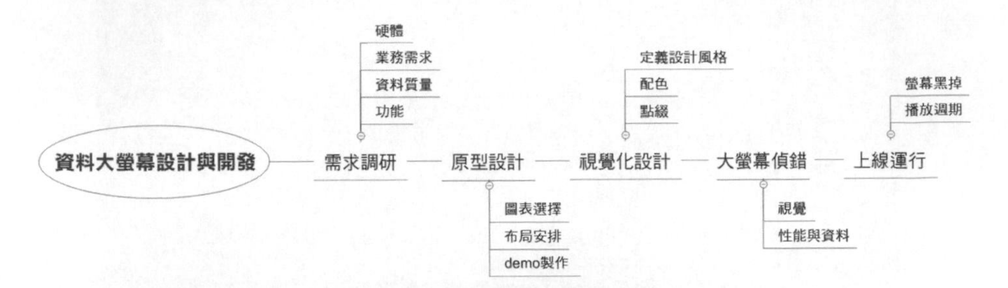

圖 4-9 資料大螢幕的設計與開發流程

1. 需求調研

需求調研是設計資料大螢幕前的準備工作，具體又分為對硬體、業務需求、資料品質和功能的調研等 4 個部分。

（1）硬體調研。硬體是展示資料的物理載體，因此需要確定：是否已買大螢幕、解析度是多少，大螢幕顯示卡所支持的輸出解析度是多少，顯示卡是否支援自訂解析度，HDMI（高畫質多媒體介面）支援的解析度等問題。同時，還要確定數位大螢幕設計稿的尺寸，既不能太大，讓人感覺突兀；也不能太小，看不清資料指標。

（2）業務需求調研。這裡的業務需求指的是資料大螢幕裡要展示的內容。為了最大化資料對業務的支撐作用，應根據業務場景取出關鍵指標。關鍵指標是一些綜合性詞語，是對一組或一系列資料的統稱。一般情況下，一個指標在大螢幕上獨佔一塊區域，所以，透過關鍵指標能知道大螢幕上大概會顯示哪些內容以及大螢幕會被分為幾個區域。確定關鍵指標後，可以根據業務需求擬定各個指標展示時的優先順序，即主、次、輔。主要指標反映核心業務內容，次要指標用於進一步説明主要指標，輔助指標為主要指標提供補充資訊。

這裡需要注意的是，由於一張大螢幕範本涉及較多指標，計算邏輯複雜，到了最終的佈局階段，很多報表工程師可能會在大螢幕上堆砌各項指標。然而，製作大螢幕範本的目的是透過資料視覺化輔助業務決策，而非單純地展示資料。因此，筆者建議在確定關鍵指標時，運用魚骨圖緊扣業務問題，梳理展示邏輯。資料大螢幕的展示邏輯遵循實際的業務邏輯，因此使用者的理解成本低，並且可以更深切地感受到大螢幕視覺化對於實際業務的價值。

舉例來説，某水務企業想透過資料大螢幕對管網安全進行監控。報表工程師在和業務人員確認後，使用魚骨圖把管網安全與風險管理涉及的因素分為 6 類別，在每一種中再細分出指標，如圖 4-10 所示。

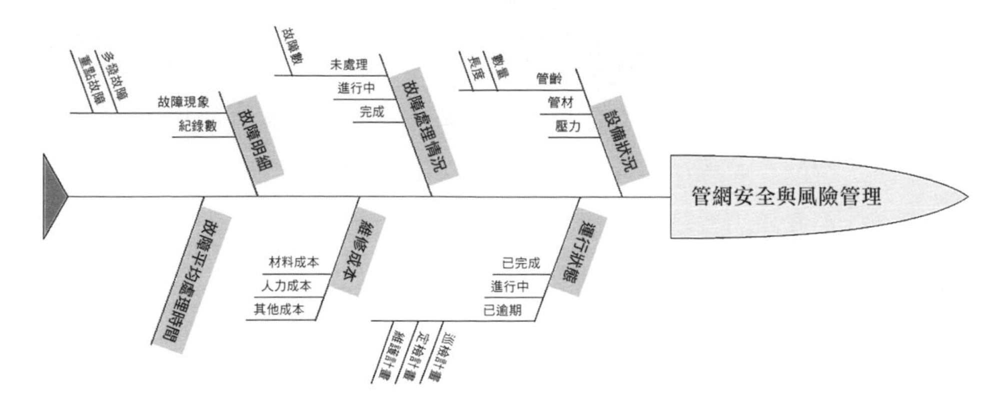

圖 4-10 管網安全與風險管理魚骨圖

（3）資料品質調研。對資料來源（填報、讀取業務庫、讀取中間庫）、資料單位（單位、小數位）、資料更新頻率（即時、準即時）等進行調研。

（4）功能調研。資料大螢幕有很多功能，企業具體需要哪些功能，例如是否需要下鑽、輪播、自訂地圖、擴充圖表等，應在需求階段瞭解清楚。拿圖表來舉例，當確定某個資料關係類型後，就可以根據該資料的使用場景尋找出對應的圖表和使用建議，並在其中進行選擇。

2. 原型設計

在原型設計階段，主要做三件事：選擇圖表類型、版面配置、製作 demo。

（1）選擇合適的圖表類型來展示業務資訊尤為重要。根據資料分析目標確定指標的分析維度時，可以從資料的聯繫、分佈、比較、組成等 4 個角度考慮要透過視覺化表達什麼樣的資訊，從而確定資料之間的關係。

- 聯繫：資料之間的相關性。
- 分佈：指標裡的資料主要集中在什麼範圍，表現出怎樣的規律。
- 比較：資料之間存在何種差異，主要表現在哪些方面。
- 組成：指標裡的資料都由哪幾部分組成，每部分的佔比如何。

確定資料關係後，就可以參考圖 4-11 中的建議選擇圖表。

圖 4-11 根據資料關係選擇圖表類型

圖 4-12 就以一份購物城資料為例，總結不同資料所適用的圖表類型。

資料關係	應用場景舉例	適用圖表類型
比較類	各類產品在同一天的銷售額比較	柱狀圖、氣泡圖、堆疊面積圖、矩形樹狀圖、雷達圖、詞雲
分布類	員工的工資和學歷之間是否存在關係	散點圖、分布曲線圖、氣泡圖
地圖類	各個門店的使用者熱度	熱力地圖
占比類	日化類產品銷售額占比	環形圖、餅圖、堆疊柱狀圖、矩形樹狀圖
區間圖	目標銷售額達標情況	儀表圖、堆疊面積圖
關聯類	各手機品牌及其所屬手機型號的銷量資訊	矩形樹狀圖
時間類	不同月份的銷售額趨勢	折線圖、螺旋圖、面積圖

圖 4-12 購物城資料圖表類型的選擇

（2）對資料大螢幕來說，它的底子就是版面配置，如果版面配置不合理，後面的視覺化效果再炫酷，給人的整體感覺也是一團糟。我們可以按照主、次、輔的順序進行版面配置。

- 主：核心業務指標安排在中間位置，佔較大面積，多為動態效果豐富的地圖。
- 次：次要指標位於螢幕兩側，多為各種圖表。
- 輔：輔助分析的內容，可以透過鑽取聯動、輪播顯示。

此外，一般的佈局原則是把有連結的指標放在相鄰或接近的位置，把圖表類型相近的指標放一起，這樣能減少觀者的認知負荷，提高資訊傳遞的效率。圖 4-13 列出了幾種常見的版面配置方式。

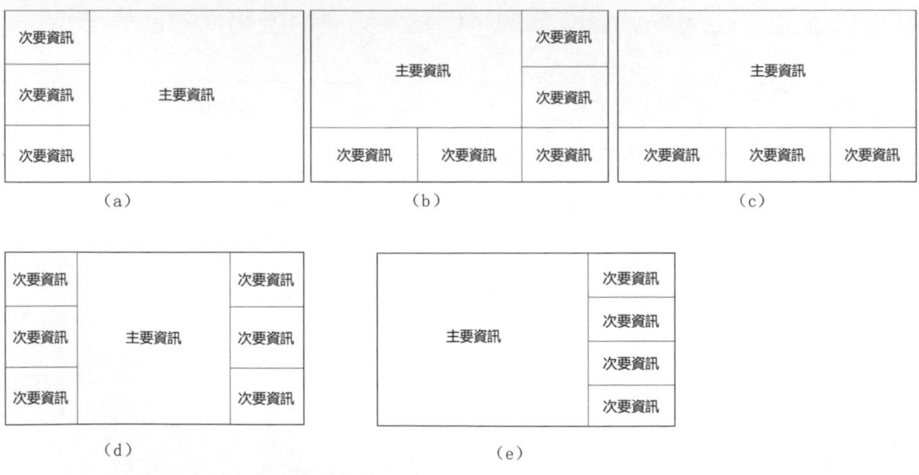

圖 4-13 常見的資料大螢幕配置

（3）數位大螢幕原型 demo 的製作一般有兩種方式：一種是自行寫程式開發，另一種是用現成的視覺化工具製作。用程式進行開發時，用得比較多的技術工具是 JavaScript + ECharts，如果考慮到資料量支撐、後台回應、即時更新、平台運行維護等方面，可能會涉及更多的技術，比較考驗開發者的技術水準。如果對這些技術不夠瞭解的話，直接用 FineReport 等工具製作則更加簡單、便捷。

3. 視覺化設計

視覺化設計的目的是在資料大螢幕原型的基礎上進行美化，包括定義設計風格、配色、點綴等。

（1）定義設計風格。每個公司的風格是不一樣的，所以要先考慮資料大螢幕的定位、使用者群眾、公司品牌、使用者年齡層，這樣設計出來的資料大螢幕才符合公司特點，讓管理層滿意。

（2）配色。配色包括背景和圖表元件配色。資料大螢幕的背景最好使用深色、暗色，可減少拼縫帶來的不適觀感，也能夠減少螢幕色差對大螢幕整體表現的影響。暗色背景更能聚焦視覺，也方便突出螢幕上的內容，還能做出一些流光、粒子等炫酷的效果。當然，背景不一定要用純色，也可以採用深色系圖片。比如搭配一些科技元素讓整塊螢幕看起來更有科技感，推薦使用帶有星空、條紋、漸變線、點綴效果之類的圖片。對於圖表元件和系列標籤等元素，在符合設計風格的基礎上統一配色即可。

（3）點綴。細節會極大影響資料大螢幕的整體展現效果，適當給元素、標題、數位等增加一些諸如邊框、圖畫等在內的點綴效果，能幫助提升整體美觀度，如圖 4-14 所示。

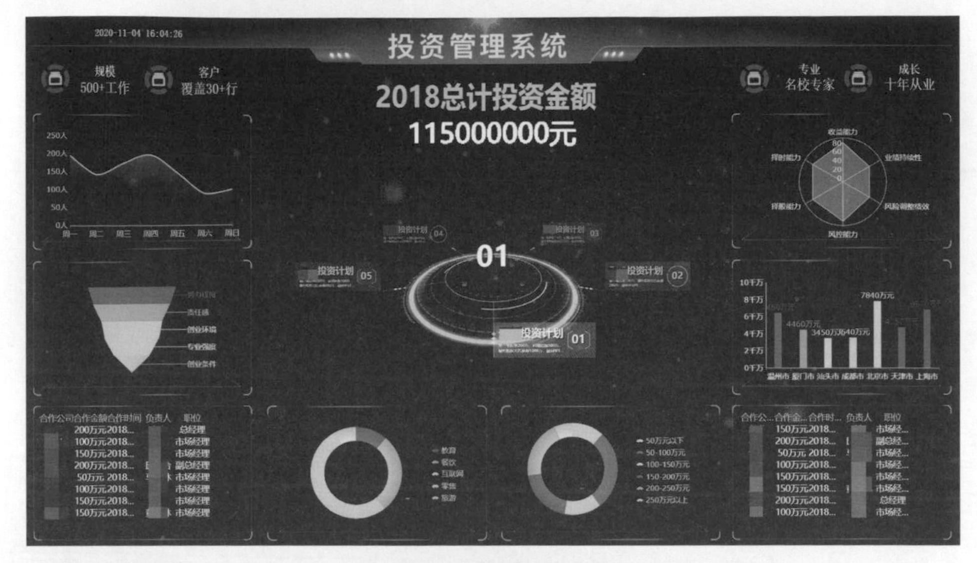

圖 4-14 點綴大螢幕

4. 大螢幕偵錯

對大螢幕的偵錯要特別注意視覺效果以及性能與資料。

- 視覺效果方面需要測試關鍵視覺元素、字型、字型大小、頁面動效，以及圖形、圖表等是否按預期顯示，有無變形、錯位等情況。
- 性能與資料方面則需要判斷圖形和圖表的動畫是否流暢，資料的載入、刷新有無異常；頁面長時間展示時是否存在崩潰、卡死等情況；後台控制系統能否正常切換前端頁面等。

5. 上線運行

資料大螢幕正式上線前，還需要檢測有沒有黑掉問題，以及播放週期是否符合要求，如果沒有問題就可以上線運行了。

4.2 行動應用

我們早已步入行動時代，無論工作還是生活，都離不開智慧型手機和行動應用。對 BI 專案來說，在行動端查看和分析資料是必不可少的需求。因此，IT 部門或 BI 專案負責人要考慮實現 BI 行動應用，使主管及業務部門不受時間與地點的約束，隨時隨地做分析和決策。

由於行動端本身的特性，BI 在行動端上的功能和 PC 端相比有所擴充，除了正常的資料分析外，還有訊息推送、手機掃碼、應用整合等。行動裝置的螢幕較小，企業在開發 BI 行動應用時，一定要以幫助使用者快速獲取重點資訊為首要原則，即放到行動端的資訊一定是最重要、最有價值的。

4.2.1 行動資料分析

與 PC 端相似，對於絕大多數企業而言，BI 在行動端最主要的應用場景是重點經營資料的分析、業績指標監控以及業務資料查詢。其中，管理者隨時隨地、方便快捷地獲取重點經營資料的需求是重中之重。透過這些行動資料分析應用，管理者能夠及時發現問題，改進管理制度，促進業務指標的達成，而業務人員也能夠即時進行業務分析和處理日常交易。

下面用來自筆者客戶的幾個案例具體說明行動資料分析為企業帶來的好處。某地產集團的高層管理者希望隨時隨地掌握核心經營指標的達成度，以及透過對資料的聯動鑽取分析，發現問題與風險。因此，IT 部門便在行動端為高層管理者訂製了圖 4-15 所示的認購指標首頁、簽約指標首頁等不同業務維度的指標看板，使用者打開首頁即可以清晰地看到自己管理範圍內核心指標的達成率以及子部門的完成情況，時刻掌控全域。

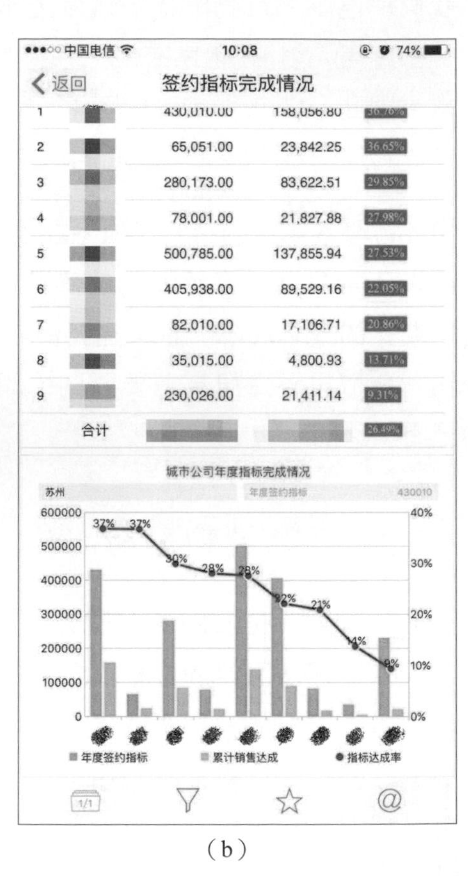

（a）　（b）

圖 4-15 某地產集團行動指標看板

某餐飲企業希望合理利用資料，指導基層管理者最佳化門店管理與菜品。IT 部門接到任務後，在行動端為門店管理者開發了門店資料看板，如圖 4-16 所示。

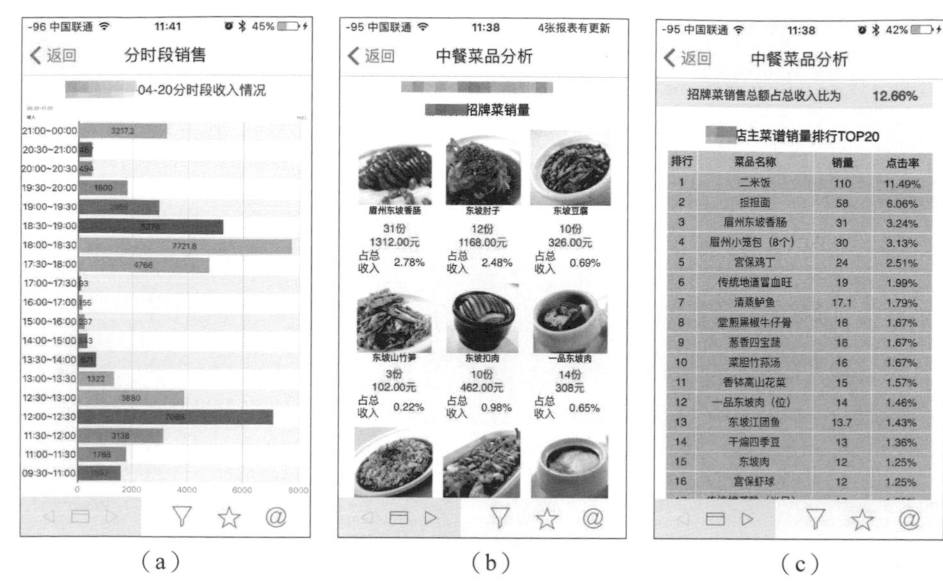

（a）　（b）　（c）

圖 4-16 某餐飲企業門店的行動端資料看板

門店資料看板上線後，從以下三個方面簡化了門店經理的資料分析工作：

- 可清晰地瞭解門店經營指標的現狀與排名，觸發門店之間的競爭與學習，有助找出指標項排名落後的原因並有針對性地改進。
- 分時段統計門店收入情況，能夠依據每一天的時間趨勢資料調配資源。
- 掌握明星菜品與銷量、明星菜品對整體銷售額的貢獻等資料，定期最佳化門店的推薦選單。

4.2.2 訊息推送

作為行動時代最容易觸達最終使用者的方式，訊息推送在企業中有諸多應用場景，其中最關鍵的就是將範本與資料定期推送給業務人員，形成對資料的黏性，充分採擷資料價值。絕大多數企業會將訊息推送作為 BI 行動應用的基礎功能。而因為手機簡訊的使用者體驗不友善、企業自有 App 對使用者觸達率不高等原因，訊息推送功能經常被整合在微信中。

舉例來說，某銀行就借助國民 App —— 微信，針對行內不同層級人員開發了如圖 4-17 所示的「高管小秘書」、「機關小秘書」、「客戶經理小秘書」等微信推送模組，實現對高層領導、中層幹部以及客戶經理的關鍵資訊推送。這種方式統一了資訊存取入口，減少了業務部門的負擔，讓資料主動找到人，而非讓人在巨量資料中尋找自己需要關注的資訊。經粗略計算，以前一年給主管推送簡訊要 3 萬多元，而微信小秘書一年的費用才 300 元，並且業務人員每天要少花 2 小時做表，省下不少時間。

(a)　(b)　(c)

圖 4-17 某銀行的微信小秘書

除此以外，訊息推送還可以用於業績達成通報、流程控管、資料預警等多個方面。舉例來說，某飲料銷售集團高階管理層需要獲取銷售資料，以便及時掌握集團各產品在各區域的銷售情況。但是原有的分析方式為專人每天對 19 張 Excel 表格進行手工處理，存在線下處理不及時，因產品多樣而導致處理工作煩瑣，節假日仍需加工資料備用，資料透過線下傳遞，無法保障安全性等問題。BI 系統上線後，透過其行動端的企業微信整合功能，以定時推送的方式，配以資料審核、許可權控制，將銷售情況透過訊息推送給集團各高層管理者（參見圖 4-18），解決了以上問題。

（a）　（b）

圖 4-18　某飲料銷售集團 BI 行動應用的銷售資料定時推送功能

還有一個某大型連鎖超市的例子。我們知道，超商企業的庫存是經營中非常重要的一環，一旦責任人未能及時處理庫存緊缺情況，會造成商品缺貨、銷售額損失等比較嚴重的問題。建設 BI 專案後，該超市在 BI 行動應用中透過連結庫存和物流分析，統計這兩方面出現潛在問題的商品並及時預警，然後透過微信推送訊息的方式通知責任人處理，加快了問題處理鏈的運轉，缺貨情況獲得了很大的改善。

4.2.3 手機掃碼

二維碼可以説是近年來最有價值的應用之一，是行動網際網路的入口，為生產和生活帶來了極大的便利。利用二維碼 / 條碼展現資料標識，然後透過手機辨識，可以極大地簡化資料查詢操作，因此也是 BI 行動應用通常會提供的基本功能。常見的掃碼應用有手機電子發票報銷、裝置管理、掃碼巡場、掃碼填報等。

某大型化工企業在上線掃碼應用之前，深受電子發票重複使用、重複報銷、人工審核費時費力等問題的困擾。開發一套關於報銷的 BI 行動應用後（介面如圖 4-19（a）所示），業務人員透過掃碼控制項即可辨識發票的二維碼，獲取發票的程式、驗證碼、開票日期等唯一資訊，點擊「提交入庫」按鈕即可完成報銷；財務人員透過發票的唯一辨識號進行查詢，能夠快速發現哪些發票存在重複報銷的問題，找到報銷的責任人，極大節省了人力成本。

(a)

首页 上一页 1 /3 下一页 末页 打印[客户端] 打印 输出 邮件

登记日期从: 2017-12-01 到: 2018-03-28 信息显示: 全部重复 查询

发票总数:	832	重复总数:	102
已录凭证发票数:	401	重复数:	0
未录凭证发票数:	431	重复数:	0

发票信息

发票代码	发票号码	开票日期	校验码	金额	登记日期	录入人	是否已录入
01200	6631	2018-01-18	0993808 17536	147.11	2018-02-08	黃	
					2018-01-18	黃	
03100	8049	2018-01-02	0636128 94445	9.52	2018-01-19	宋	
					2018-01-26	余	是
03100	7896	2018-01-11	0375389 96944	69	2018-01-26	余	
					2018-01-19	宋	
05100	3772	2018-01-20	7686686 03342	500	2018-01-22	王	是
						黃	
	0589	2018-01-12	1153527 51996	46	2018-01-18	陈	
					2018-01-15	陈	
	0590	2018-03-14	0854043 64007	11	2018-03-14	陈	
					2018-03-28	程	
	0626	2018-02-07	1060907 37486	18	2018-03-12	余	是
					2018-03-13	余	是

(b)

圖 4-19 某大型化工企業的 BI 行動應用——發票掃碼報銷 BI 應用

在部分製造型企業中，裝置的管理、檢查、維護還處於紙質記錄的時代。裝置管理不透明、不可控，產生了諸多問題。某製造企業為了改變這一現狀，實現備品 / 備件的全生命週期管理，針對不同的場景開發了不同的 BI 行動應用，包括備件的出庫 / 入庫終端系統、裝置維護點檢系統、備品 / 備件報廢管理系統等，告別紙質管理，充分釋放了人力。舉例來說，在圖 4-20（a）所示的介面中選擇「1. 裝置故障申報」，即可進入掃碼頁面，掃描故障裝置的二維碼後跳躍至圖 4-20（b）所示的故障資訊填報表單頁面，裝置相關的資訊會自動補充至表單中，申報人員只需填寫故障描述和故障類型等資訊，與之前的手工填寫表單相比要便捷很多。

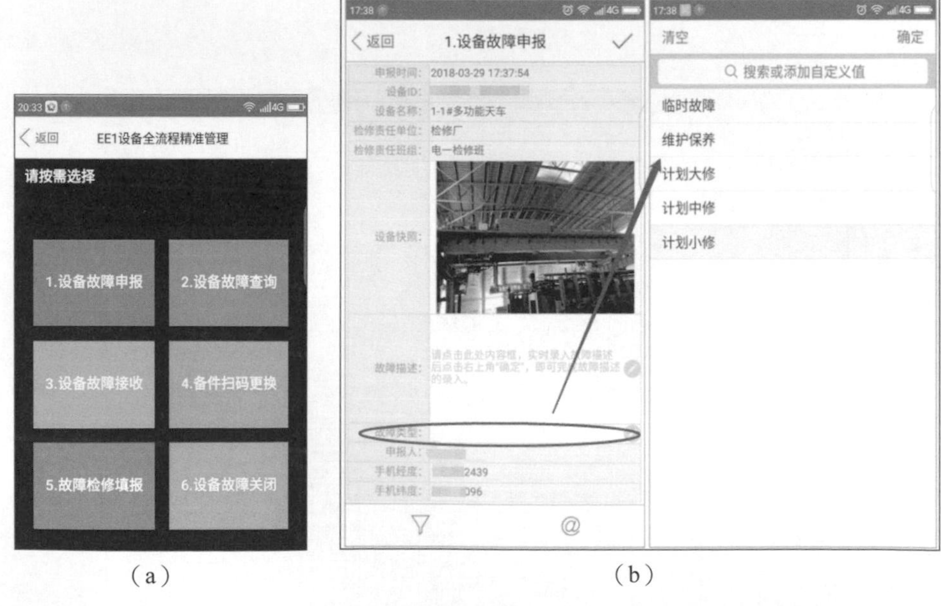

（a）　　　　　　　　　　（b）

圖 4-20 某製造企業的 BI 行動應用——掃碼申報裝置故障

4.2.4 應用整合

企業中的資料來自各式各樣的業務系統和 App，而 BI 系統在進行資料分析之前必須先獲取資料。因此，BI 行動應用就經常需要與以行動辦公為主的各種行動應用整合，例如微信 / 企業微信、釘釘、SDK、泛微 OA、致遠 OA 等。舉例來說，4.2.2 節中提到的訊息推送案例就是 BI 行動應用與微信整合的產物。

關於 BI 行動應用與其他應用的整合，筆者在這裡也列舉幾個例子。某高科技農牧企業的 BI 行動應用由實現養殖資訊化與行動化的 App 以及內部辦公的 App 群組成，均採用了自己開發的 App + SDK 整合的方式。在兩個 App 中，該企業對 BI 行動應用的定位為資料查詢和分析，其他的需求均由 App 自身的功能實現。圖 4-21（a）和（b）分別為實現養殖資訊化與行動化的 App 中的 BI 報表分析頁面、內部辦公 App 中的主管查詢頁面。實現原生 App 和 BI 行動應用的整合後，不論是養殖場的工人還是公司的中高層管理人員，都能夠透過行動應用快速、便捷地查看和分析資料，提升工作效率的同時也促進了公司業務的發展。

某煙草企業的協作辦公用的是致遠 OA 行動端。面對領導層對資料看板的需求，IT 部門將 BI 行動應用與致遠 OA 行動端進行了整合，在後台設定單點登入和許可權，主管在 OA 行動端就能看到主要經濟指標、區域市場分析、競爭品牌分析、工業企業分析、品牌結構分析、全國工商情況概覽等模組的資料（資料看板頁面如圖 4-22 所示），隨時隨地發現問題並調整決策。

(a) (b)

圖 4-21 某高科技農牧企業的 App 與 BI 行動應用整合

(a) (b)

圖 4-22 BI 行動應用與致遠 OA 行動端整合

4.3 自助分析

自助分析場景和第 1 章提到的自助式 BI 和自助分析模式是緊密連結的。由於傳統 BI 分析模式存在弊端以及全民爭當資料分析師的熱潮，自助式 BI 和自助分析模式迅速興起，市場已經從「IT 主導的報表模式」向「業務主導的自服務分析模式」轉變。而且，這一轉變的價值在企業中也得到驗證，也就是說自助分析模式的確能夠解放 IT 人員，賦能業務，提高效率。

舉例來說，某銀行的業務人員經常會用到「探測式」分析，如果每分析一個維度都要臨時提取資料，業務人員與 IT 人員的溝通成本、IT 人員的人工成本將急劇增加。應用自助分析模式後，業務人員無須與 IT 人員反覆溝通，就可以根據自身需求自助提取資料，自訂分析。整個過程由多人合作變為單人完成，並且可任意變更查詢準則隨時查詢，獲取資料所需的時間由原來的至少一周縮短為幾分鐘，極大提高了業務人員的效率。

儘管不少企業已經從以 IT 為中心轉變為以業務為中心，採購 BI 工具後也開始推廣自助分析，但是像上例中的銀行一樣將自助分析應用起來的卻很少。自助分析在很多企業中空有口號，效果並不盡如人意，企業的 BI 分析模式仍然停留在業務人員提需求、IT 人員做分析這樣的原始狀態。本節談一談企業如何做好自助分析 BI 專案的建設與推廣，實現 IT 人員準備資料，業務人員 / 資料分析師自主處理、分析資料。

4.3.1 自助分析的模式

自助分析強調 IT 人員與業務人員的配合，因此在介紹自助分析 BI 專案的建設與推廣之前，我們先從 IT 人員與業務人員配合的角度切入，介紹自助分析的不同模式及其在企業中的發展。

根據資料的流向，在企業 BI 專案的建設過程中，IT 人員與業務人員有 4 種不同的配合模式，如圖 4-23 所示。從上往下來看，IT 人員所承擔的工作量是逐步減少的。

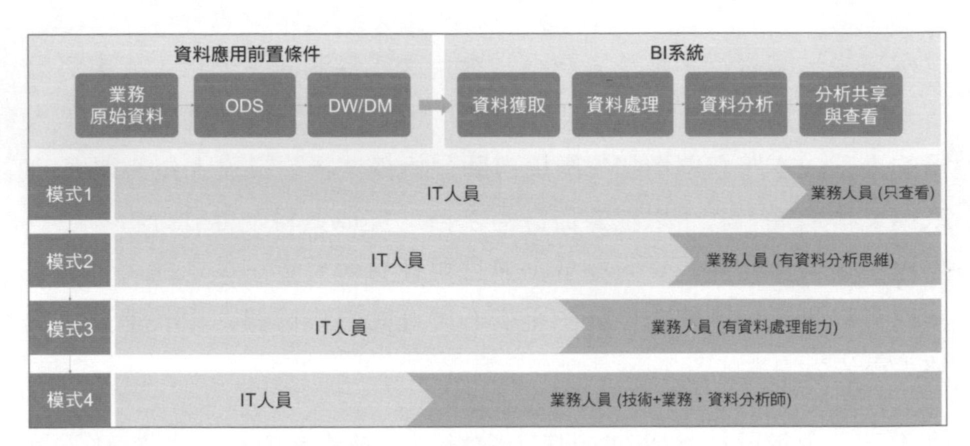

圖 4-23 IT 人員與業務人員的配合模式

模式 1 中，IT 人員一直負責到資料分析階段，將資料分析好之後，業務人員只管查看結果。這種模式對業務人員的要求較低，針對企業中部分不需要分析但需要獲取資料資訊的業務人員。

模式 2 中，IT 人員負責到資料處理階段，將資料處理好，比如做好自助資料集交給業務人員，由他們自己根據需要做分析。這種模式適合需要做資料分析且有一定分析思維的業務人員。

模式 3 中，IT 人員只需要將基礎資料處理好並連線 BI 系統，業務人員便可自己分析和處理資料。這種模式適合需要做資料分析且有一定資料處理和分析能力的業務人員。

模式 4 中的 IT 人員更加輕鬆，只負責架設資料倉儲，將資料倉儲開放給業務人員，剩下的就是業務人員自己拿資料、自己處理、自己分析。這種模式適合既懂技術又懂業務的業務人員。

對於這 4 種模式，模式 1 是一直會存在的，模式 2 和模式 3 是很多企業中目前主要的模式，而模式 4 因其對業務人員的技術要求非常高，一般為金融產業採用。模式 2~4 其實就是自助分析的 3 種模式。

雖然自助分析有 3 種不同模式，但不論採用哪一種，其在企業中都需要經歷一定的發展過程才能達到比較理想的狀態。一般來說，自助分析在企業中的應用可以大致分為圖 4-24 所示的 4 個階段。

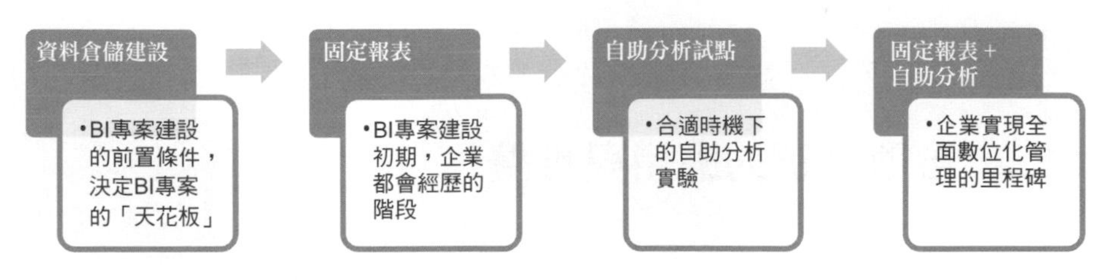

圖 4-24 自助分析在企業中應用的階段

（1）資料倉儲建設階段：資料倉儲是企業開展自助分析的前提條件，有沒有資料倉儲及其品質的好壞，直接決定該企業能否推動自助分析的應用以及自助分析的「天花板」（即自助分析在企業中能應用到什麼程度）。畢竟業務人員對於資料庫中的資料本身並不瞭解，就需要 IT 人員架設資料倉儲，將資料以業務主題的形式整理好。另外，高品質的資料倉儲在分析性能方面也會有比較大的優勢。

（2）固定報表階段：這是所有企業基本上都會經歷的階段，但這個階段有長有短，要看企業的報表工具是否強大、好用，是否能夠幫助企業快速架設好報表系統並過渡到下一階段。

（3）自助分析試點階段：顧名思義就是找一個有自助分析意願的部門做實驗，前提是資料品質沒有什麼問題。這個階段是向領導層以及業務人員證明自助分析價值的過程，是自助分析發展處理程序中的里程碑。目前大部分應用自助分析的企業都處於這個階段。

（4）固定報表 + 自助分析階段：在試點成功之後，企業內部已經初步認識且認可自助分析的價值，到了這個階段就算是把 BI 用好了。

以上 4 個階段中，資料倉儲建設與自助分析試點最重要，實施起來難度也最大。

4.3.2 自助分析的應用與推廣

1. 自助分析的應用方案

企業自助分析專案的建設同樣遵循 BI 專案的標準建設流程，也會經歷 BI 專案的各個階段。但是自助分析身為特殊的 BI 應用，這一種專案與其他 BI 專案在某些階段會有一些不同。

在收集和明確需求階段，專案團隊需要確定大致需求，為立案做準備。但是與一般 BI 專案不同，自助分析專案最終要在廣大業務人員中推廣使用，因此在立案前需要讓更多的業務關鍵決策人瞭解自助分析，認可其價值，並確認將自助分析作為 BI 專案的開展模式。也就是說，專案團隊要做好啟動，將會為後期專案的實施與推廣省去不少麻煩。另外，需要強調的是，自助分析更適合解決業務人員靈活、探索式的分析需求，那些大型、固定的分析需求，儘管業務人員也可以嘗試自行解決，但交給 IT 部門處理可能是更好的選擇。

進入專案規劃階段後，專案團隊不僅要確定專案的範圍，還要根據企業的資料情況和發展階段選擇合適的自助分析模式，也就是確定 IT 部門在後續的自助分析應用程式開發中需要承擔哪些工作。明確自助分析模式後，IT 部門才能在專案實施階段更有針對性地架設平台和進行許可權設計等工作。

自助分析專案與一般 BI 專案的另一個也是最大的區別在於對內部使用者的教育訓練。對於一般的 BI 專案，IT 部門根據業務需求進行開發即可，但是自助分析專案的最終目標是業務人員自主分析資料。很多業務人員初次接觸自助式 BI 工具，缺乏使用經驗和分析想法，需要由 IT 部門或專案團隊對他們進行教育訓練。

第一次教育訓練應針對目標部門的核心使用者，一般會在調研詳細需求後，系統上線前進行，目的是讓業務人員（即自助分析應用的使用者）知道 BI 平台可以用於什麼樣的場景（方便後續更準確地提需求），以及場景用到的功能入口在哪裡等。在 BI 平台上線後，專案團隊還需要從實際業務場景著手，對當前準備使用 BI 平台的員工做強化教育訓練，指導他們在 BI 平台中做各種資料分析，並在現場為他們解答問題，目的是讓這些使用者更快熟悉 BI 工具，掌握使用技巧，產出業務價值。

2. 推廣與營運

要讓自助分析專案在企業內覆蓋更多的使用者群眾，發揮更大的價值，對專案的推廣和營運必不可少。自助分析的最終目的是讓企業內的不同使用者都能自主進行資料分析，因此從使用者切入尋找推廣和營運想法是一個不錯的選擇。

在企業內部，自助分析專案的使用者一般可以分為圖 4-25 所示的 4 大類，即決策者、資料分析者、資料查看 / 問題處理者及 IT 支持者。

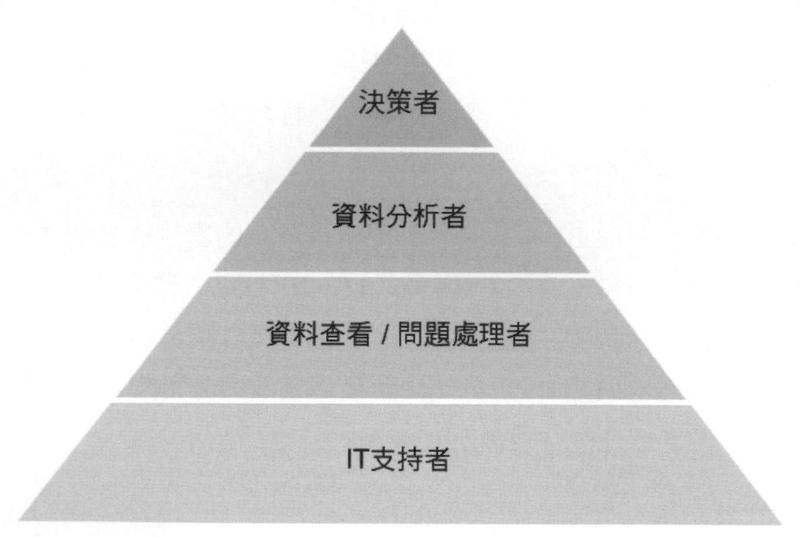

圖 4-25 企業內部自助分析專案的使用者組成

其中，決策者主要的工作是依據分析結果進行決策，一般要求資料準確，易於查看。

資料分析者的資料相關工作較多，對資料的敏感度和積極性高，對資料的及時性、準確性、靈活性要求高，經常要完成臨時性分析任務，需要自己能夠掌握和分析資料，發現問題，分析原因。

資料查看 / 問題處理者則關注自身（小團隊內）固化指標的完成情況，分析實際業務問題。一般來說，他們的資料相關工作佔比很小，業務分析需求相對穩定，以固定需求為主，技術能力和學習積極性較低。

IT 支持者的任務就是為資料分析者、資料查看 / 問題處理者提供資料和技術支援，並持續最佳化流程。

針對這些使用者角色，自助分析專案團隊可以採取以下措施來推廣和營運。

（1）收攏資料出口。專案團隊可以完善資料字典，方便業務人員查閱和瞭解系統裡的資料，減輕 IT 部門解釋資料的工作壓力。

（2）持續教育訓練。前面已經介紹了教育訓練的重要性，對有自助分析意向的部門，專案團隊在最初向他們開放平台的時候，一般要進行多次教育訓練，教育訓練內容以幫助熟悉 BI 平台操作為主。因為對於新使用者來說，快速熟悉 BI 平台是非常重要的，教會他們使用基礎功能比使用進階功能重要得多。因為進階功能通常操作複雜或更難瞭解，而在使用者熟悉 BI 平台後，是可以自己去探索進階功能的。

（3）及時答疑和回應。使用者剛熟悉 BI 平台時，專案團隊一定要及時回應他們的問題。畢竟最開始接觸產品時，也是使用者最容易流失的時候，可能一個非常簡單的問題就會讓他們放棄。回應使用者的方式可以是透過內部交流群或當面解答問題。

（4）製造壓力。在業務人員使用系統的時候，專案團隊可以施加一定的壓力。比如，業務人員在主管的示意下去學習使用新平台，肯定感到有壓力，要努力達到一定的效果。IT 部門可以有意拒絕一些能夠在平台上實現的需求，讓業務人員不得不自行探索 BI 平台的功能，但是要掌控好，不能讓他們形成抵觸的情緒。

（5）資料化監控。IT 部門要關注專案推廣的情況、業務部門的使用情況，並且想辦法推動。比如，發現活躍的使用者，採擷他們的價值，包裝他們的案例，廣而告之；如果發現 BI 平台的使用頻率不高，就回訪使用者，瞭解目前的障礙，解決問題。關鍵在於善用使用者記錄檔，利用分析監控範本做好監控。

（6）培養重點使用者。重點支持那些有需求、有意願使用 BI 平台，而且產出了價值的使用者，主動瞭解他們的需求，定期交流工作，保證他們比別人更早熟悉 BI 平台、更深入地應用 BI 平台、更主動地進行資料分析。這部分使用者就是各部門未來的資料分析師和資料分析骨幹。具體地說，對重點使用者的培養可以有以下方式：

- IT 人員對業務需求的實現想法、方法和步驟進行講解，包括資料集取數、分析邏輯及 BI 工具的使用等方面，使重點使用者既懂 BI 工具的操作，又掌握分析想法和方法。
- 邀請優秀的業務人員分享 BI 平台的使用技巧和典型案例。
- 可以就某些實際需求的實現想法，進行腦力激盪，集思廣益。
- 對重點使用者提出的問題答疑，還可以進行開放式的自由交流。
- 將教育訓練中使用的實例、技巧歸類存檔，分享給重點使用者。

以上各項推廣措施適用於自助分析專案的不同階段，專案團隊可以根據實際情況選擇和使用，應用得當會顯著提升專案的推廣效果。

舉例來說，某網際網路 OTA（Online Travel Agency，線上旅遊機構）在推廣 BI 自助分析時，將具體的推廣過程分為 4 個階段。首先，提高內部 BI 平台的使用者參與度，瞭解產業趨勢及產品規劃，並瞭解業務部門使用資料時的痛點。接著，對業務人員教育訓練，該企業制訂了初、中、高三階段的教育訓練計畫，並製作了教育訓練資料，如教學視訊、文件等。然後，為核心資料分析人員開通更大的許可權，以便他們製作與分享分析看板。最後，定期講解範例場景，同時在各業務部門之間評鑑最佳看板。該企業透過這樣 4 個階段從上往下地進行自助分析文化的宣導，使自助分析模式在企業內部快速擴散，目前已被絕大多數業務部門啟用。

某地產企業專案團隊在建設自助分析平台時，核心想法是不把 BI 工具作為報表工具來推廣使用，而是把它作為業務人員線上觸達資料的一種媒介。因此，該企業的推廣方法是儘量少做純開發類別工作，推廣的早期以教會業務人員使用 BI 工具、熟悉資料為主，在業務人員對整體情況有一定瞭解之後，再轉變為聯合開發。

具體來說也是四個步驟：第一步是深入第一線業務人員進行教育訓練和推廣，並且在推廣之初先幫助他們解決迫切的資料分析問題。第二步是採擷種子使用者，在第一線業務人員對 BI 有初步認識後，採擷有想法的種子使用者重點培養。接下來，進入專門的宣傳推廣階段，對於使用頻次高的儀表板透過企業公眾號等內網平台進行宣傳。最後一步是同第一線業務人員聯合建模，在統一指標系統的前提下，鼓勵第一線業務人員根據自身特點進行個性化資料分析。

經過這樣的推廣流程後，一方面，資料分析人員的工作習慣有了很大轉變，固定報表的開發需求減少了 40%，大大減輕了 IT 人員的負擔；另一方面，幾個種子使用者帶領周圍的同事形成了十多人的分析團隊，提高了公司內部對資料分析工作的認可度。目前，該企業的平均月報表點擊量達到了 4 萬多次，線上有接近 50 個活躍的分析使用者，每個使用者月均修改和新建儀表板 12 張，整個企業形成了非常好的資料分析氣氛。

應用場景是 BI 專案得以落實的最終載體，也是表現 BI 價值的最終途徑。本章對資料大螢幕、行動應用以及自助分析三個 BI 典型功能應用進行了介紹。企業在不知如何落實 BI 專案時，不妨嘗試從這些典型功能應用入手，尋找適合的場景，使 BI 應用落實。下一章將從產業和業務的角度介紹 BI 的典型應用。

Chapter

05

不同產業的典型 BI 業務應用

• 本章摘要 •

企業應用 BI 的目的在於為管理和業務提供資料依據與決策支援。第 4 章從 BI 功能的角度，告訴企業如何尋找合適的應用場景。那麼反過來，從業務的角度，瞭解企業各種各樣的應用場景如何用 BI 來實現也很關鍵，這就是本章將要介紹的內容。這裡的業務場景指具體的業務活動，大到供應鏈管理、行銷管理、財務管理、智慧巡檢、門店補貨、退貨分析等，小到人事考勤監控、採購節點效率分析、商品補貨提醒等，也就是前面提到做 BI 專案要「點線結合」中的「點」，是資料價值落實的「最後一公里」。

不同的企業規模各異、業務差別很大，但一般都有很強的產業屬性，所以本章以產業為維度聊一聊 BI 在不同產業的典型業務場景中的應用，分享一些有特色的 BI 應用方案。

5.1 零售產業

在許多產業中，以零售產業的經營形態最為豐富，包括百貨商店、大型綜合超市、便利商店、專業市場（主題商場）、專賣店、購物中心和倉儲式商場等。但不論哪種業態的營運，都離不開人、貨、場、財這 4 個要素。值得注意的是，在零售產業中，由於大部分商品都有多種款式、顏色、尺碼等屬性，為了更進一步地區分和管理，一般以 SKU（Stock Keeping Unit，庫存保有單位）來指代商品。SKU 是物理上不可分割的最小存貨單元，在做商品管理時，其實更多的是針對 SKU 進行管理。

圍繞人、貨、場、財這 4 個維度，零售產業中有非常多的業務場景，例如員工管理、到店客流監測、採購管理、庫存管理、自動配貨、銷售分析、業績追蹤、智慧下單、商品全生命週期管理、門店管理、手機巡場等。本節介紹 BI 在到店客流監測、生鮮銷售、採購智慧下單、自動配貨和督導手機巡店等 5 個典型業務場景中的應用。

5.1.1 連鎖超市到店客流監測

到店客戶決定著零售企業的營收，需要重點轉化，而轉化的關鍵在於瞭解客戶。這就需要對到店客戶進行監測，用資料回答以下幾個問題：這些客戶從哪裡來、到店客戶數量有沒有變化、客戶要消費什麼、哪些是常客、客戶對哪些店面感興趣等。瞭解了這些情況，就能更有效地營運和管理客戶資料。下面以某連鎖超市為例，介紹該超市是如何利用 BI 系統實現到店客戶監測的。

首先，BI 系統要回答客戶數量變化的問題。每天來逛超市的人很多，很難用人工統計（即定時定點安排人統計到店客戶人數），因為這種抽樣統計方式並不科學，可信度不高。該超市透過停車場資料系統、WiFi 探針資料、人臉辨識等技術自動辨識客流變化，然後在 BI 系統中訂製客流檢測看板，關注近一小時累計客流量、近一小時新增客流量、今日累計客流量、今日平均停留時間這 4 個主要指標，如圖 5-1 所示。

圖 5-1 客流檢測看板

當然，BI 系統還會對歷史資料做比較分析，透過比較前日資料，查看指標變化的數值和幅度。另外，將這些指標的變化納入異常檢測分析範圍，只要超出設定的設定值（BI 系統會動態計算並調整設定值），BI 系統便自動給店長發送預警訊息，提示相關人員採取措施，並將問題解決的速度和品質與 KPI 考核連結，督促第一線業務人員及時處理。

如果發現客流量異常，應該從哪些維度尋找原因呢？或客流量正常，客流分佈是否也正常呢？為了搞清楚這兩個問題，該超市在 BI 系統中也訂製了分析頁面，特別注意兩個指標，即新老客戶佔比與今日客戶歷史到店分佈，如圖 5-2 所示。

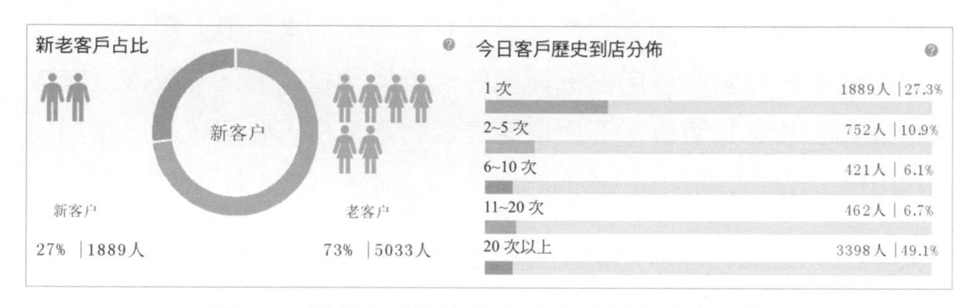

圖 5-2 新老客戶佔比與今日客戶歷史到店分佈

如果客流量異常，首先要看的就是新老客戶的佔比和數量變化，新客戶減少可能是宣傳或促銷力度不夠，未能帶來新客戶；老客戶減少，多半是會員政策或商品經營出現問題。這樣，借助 BI 系統對客流資料的分析，業務人員就能快速定位問題並及時解決。當然，即使客流量正常，也要關注新老客戶佔比變化。比如開展促銷活動時，新客戶佔比的增幅顯然是衡量促銷效果的關鍵指標。

客戶到店後，為了延長其停留時間，增加消費的可能性，超市需要有針對性地進行店面佈局和行銷管理，這就要求管理人員瞭解客戶都去了哪裡、在何處停留。對此，該超市採用電子圍欄技術、WiFi 探針、人臉辨識等技術，即時擷取人流分佈資料和運動軌跡，然後在 BI 系統中進行客流即時分佈和客流軌跡分析。

圖 5-3 即為客流即時分佈分析圖，圖中將各個區域用圖示標識，採用熱力色系，顏色越深的區域代表即時客流量越大。透過客流即時分佈分析和客流軌跡分析，超市管理者能夠判斷客流是從哪些區域過來的，甚至能知道是從週邊哪個社區過來的。然後，進一步分析從不同區域進店的客戶消費目的有何不同，消費習慣有何不同，是否有更多的消費需求可以採擷。負責管理的樓層長要思考：為什麼有些區域熱度很高，另一些區域熱度卻很低；為什麼有些熱度高的區域最終毛利卻不高，現在的店面佈局是不是有更合理的方案等問題。

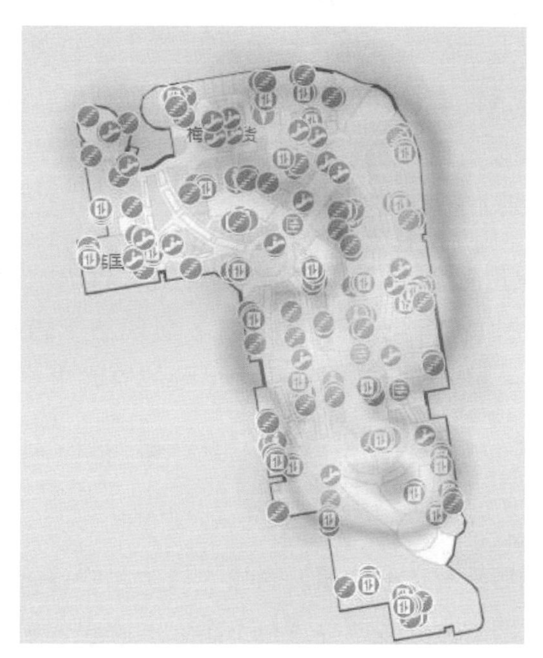

圖 5-3 某超市客流即時分佈分析

透過對客流的監測和分析，該超市將一些經營決策所需要的資料和資訊下放到基層管理職，讓熟悉業務的店長、樓層長來提出決策建議，供高層選擇，用資料來支撐決策，用視覺化分析提高決策效率和科學性。

5.1.2 連鎖超市生鮮銷售管理

生鮮銷售是一項非常精細的工作。生鮮的保質期普遍較短，標準不一，排面需要較多的人力維護和打理，何時、何地、何物應該採用怎樣的營運策略，是考驗生鮮銷售管理人員的難題。一旦決策失誤，就可能出現較大的損耗。因此，控制損耗是生鮮銷售管理工作的核心，控制不當不僅損失毛利，還嚴重影響銷售機會。

某連鎖超市的生鮮銷售就面臨不小的損耗，影響了其擴大經營規模。另外，該超市的生鮮銷售策略主要由銷售員工憑經驗來制訂，而這些人的知識並未固化在業務系統中，因此決策模型難以透過業務系統沉澱和傳承，資料報表也多為離線資料，於是生鮮銷售業績與某些經驗豐富的銷售人員綁定，無法有效地複製及推廣成功銷售經驗。

所以，該超市希望在控制生鮮損耗的基礎上，將決策模型固化到業務系統中，降低營運成本，提高銷售業績，實現生鮮銷售業務的智慧決策與精細化營運。經分析，該超市產生損耗的原因主要是以下三點：

- 生鮮品質較差：門店作為銷售終端，對品質把關不夠，而品質不佳的情況下，再好的營運策略均是徒勞。
- 庫存過多：門店訂貨一般依賴於銷售人員個人的經驗和判斷，加上商品在後倉未及時上架導致庫存資料不準，因此庫存過多是常態，影響了生鮮的品質和價格。

■ 出清不及時：前兩點原因導致商品庫存積壓，不能及時出清。這家超市目前只是固定在晚上 8 點至 10 點出清，而此時並非門店客流高峰期，出清商品置放區域的客流更少，所以出清策略不合理。

從這三個原因中，該超市發現控制生鮮損耗的著力點為：動態出清、動態盤點、預測需求、合理訂貨與定價。於是，該超市調整策略，採用基於資料驅動的方式，配合軟硬體工具來支撐門店營運決策：利用 BI 系統分析、診斷商品銷售情況，對不能在保質期內達成銷售目標的商品，系統自動提前列出預警清單以及折價建議，不僅可以減少生鮮商品排面維護的人力成本，同時也可以降低商品損耗，提升毛利率，為門店帶來更多的銷售機會。

該超市對重點場景進行分解，建置了從評級、預測，到預警、出清，再到整體分析的數位化生鮮銷售新模式，並固化到 BI 系統中，根據商品品質、預測銷量以及庫存等指標，配合更完整的出清策略及時預警出清，從而降低生鮮損耗。

（1）採購評級。第一步就是從源頭開始，在訂貨時對商品評級。用表單對供應商配送的貨物記錄收貨評價，貨物到達其他門店時，收貨人員透過掃描該商品的條碼就能看到數量、品質、評級等資訊，根據這些資訊選擇是開箱驗貨還是隨機抽檢，把檢查的結果也增加到評級資訊中。這樣一來，收貨環節就被極佳地量化了，而且也縮短了收貨時間，規範了供應商的行為。

（2）門店客流量預測。門店商品的銷量和客流量息息相關，因此預測商品的銷售情況時，要先預測門店的客流量。該超市透過綜合考慮節假日、天氣、季節、氣溫、歷史客流量、門店經營面積等多個指標來建構特徵工程，並採用高效的整合演算法 XGBoost 進行預測，與實際資料比較，對門店客流量預測的準確度達到 95%。圖 5-4 為該超市某門店 2019 年 6 月的預測客流量與實際客流量比較。

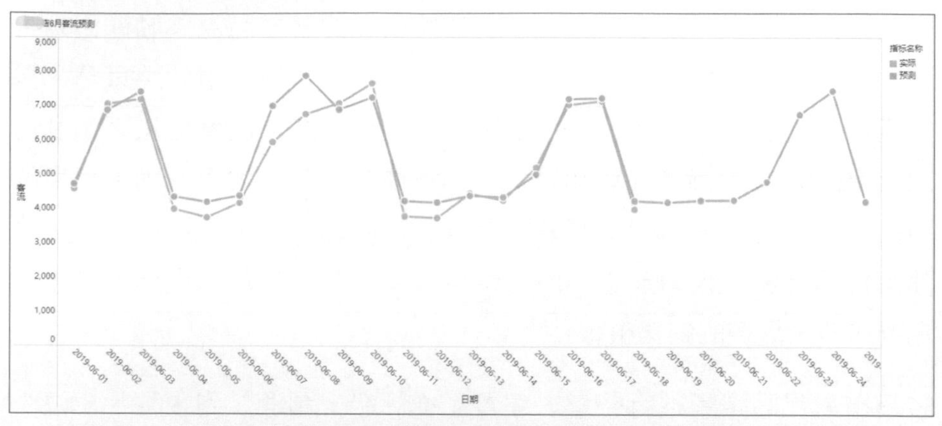

圖 5-4 該超市某門店 2019 年 6 月的預測客流量與實際客流量比較

（3）商品銷量預測。對生鮮銷量的預測不同於對一般電子商務商品的預測，排面是否有貨、排面置放的商品是否豐富、商品的品質、是否有替代商品等因素均會對單品的銷量產生影響，試圖用門店客流量解釋單品的銷量基本是不可能的。不少門店存在客流量與生鮮銷量倒掛的情況，比如曾發生過某時段客流量為 8000 人次，但生鮮的銷量為 0，而客流量為 5000 人次時，銷量卻為 800 件的情況。

但是生鮮品種銷量和門店客流量之間卻存在較強的相關關係，因此該超市將注意力轉移到生鮮品種和該品種內部各 SKU 之間的替補性上。如果已知某生鮮品種的預估銷量，訂貨人員就能知曉該品種下的 SKU 現有庫存量是否超過標準，以及未來需要的訂貨量是多少。基於這一思想，根據商品的日均銷量、銷量標準差、價格變動標準差等多個指標進行聚類分析，按照最佳聚類規則，確定商品的 4 個分組；然後，對不同類別的商品採用不同的回歸預測模型，就獲得了準確的單品預測銷量。

（4）庫存預警與出清。得到預測的結果後，該超市開發了 BI 行動應用，對單品銷量的預測結果、單品庫存、保質期等因素進行綜合比較，計算出商品的風險庫存、預計售罄日期等主要預警參數。

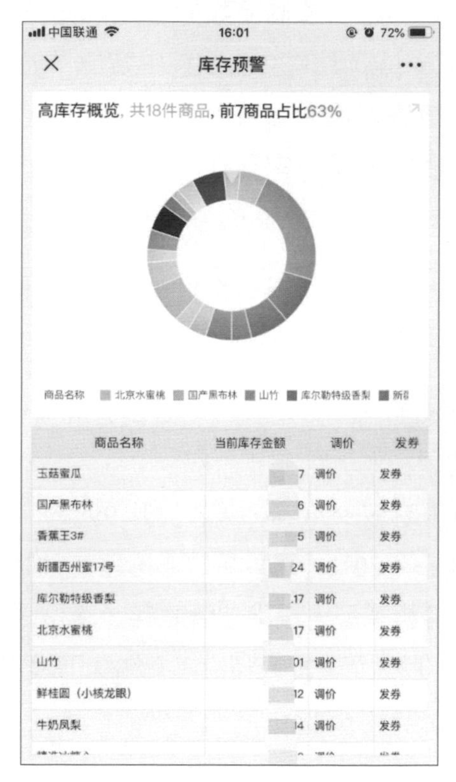

圖 5-5 門店生鮮庫存預警列表

圖 5-5 所示為該超市借助帆軟 BI 工具快速開發的 BI 行動應用展示的門店生鮮庫存預警列表。門店的生鮮營運人員可以直接對預警列表中的商品進行「調價」、「發券」等操作，形成預警即實施的閉環。對於有

資料分析能力的員工，BI 行動應用還提供查看明細的功能。為了降低 BI 行動應用的操作及推廣難度，BI 專案團隊對預警單品做了排序，告知生鮮銷售人員處理前 X 個單品。預警的內容可以無限，但提供給員工的操作必須相對有限。

（5）資料分析。精細化營運離不開資料的指導，出清只是解決一些重點單品或爆品的銷售問題，整個品類的營運問題還沒有得到解決。透過梳理門店營運場景，該超市在 BI 系統中建立了一個資料報表系統，考慮到門店第一線銷售人員的資料意識仍須培養，每日定點在群組裡發佈報表截圖，並且針對報表中存在的問題說明，尋找銷售機會，慢慢地養成全員看報表，拿資料說話的習慣。

該超市對試點門店生鮮採用新模式進行精細化營運後，除了生鮮的損耗大幅降低、毛利率提升外，還得到其他的好處：

- 實現全店銷售額及毛利率雙增長，坪效提升 9%，勞效提升 27%，周轉控制在 30 天以內。
- 生鮮部門月總用工時減少 40%，勞效提升 99%。
- 生鮮折價損失額下降 20%，蔬菜品類滲透率有效提升。
- 建立選品及汰換分析模型，精準控管庫存，精減 33% 非生鮮 SKU。
- 有效獲客，促進客戶活躍，提高轉換率，為線下導流、製造複購機會。
- 線上訂單數月環比增長 65%。

5.1.3 時裝企業採購智慧下單

採購（buyer）是零售產業中比較特殊的一種職業，一般集中在時尚服裝零售企業中。簡單來說，採購就是去品牌方和市場上採買貨物的人，買到貨物後，會交給工廠快速二次加工，然後發到終端進行售賣，產業用語也叫「鋪貨」。

採購必須站在時尚潮流的最前端，瞭解產業規範，對貨品有敏銳的辨別能力，在適當的時機迅速出手，以低廉的價格購買他們認為有潛力的商品，加價出售，賺取利潤。過去優秀的採購全靠個人敏銳的時尚嗅覺選品，對新款、新品的選擇特別依賴個人的眼光。白天跑各地選品，晚上回酒店或公司透過 Excel 整理資料並分析，再匯入業務系統，最終完成採購申請的上報。這一模式存在以下 4 個核心痛點。

- 拍腦袋選品：選品全憑個人經驗，僅能參考自己記錄的一部分歷史款式資料。
- 鋪貨想法不一致：貨品採買量的設定太隨意，同一企業中不同採購的鋪貨策略不一樣，各自為戰。
- 審核耗時耗力：提交的 Excel 檔案無法準確表述買過來的貨品該怎麼鋪，業務部主管在審核訂單的時候，要先清理資料，再手工整理多個 Excel 檔案來查看整體資料，最後打電話與採購逐一溝通，才能列出審核意見。
- 流程緩慢低效：單一業務系統太死板，流程功能不如 OA 系統強大，每一個 SKC（Stock Keeping Color，庫存顏色單位，即單款單色，常用的服裝計量單位）的輸入都要填寫大量的屬性值，還不能填錯，重複填寫資料的工作佔用大量時間。

面對這些痛點，採購們迫切需要一個數位化系統來支撐工作，將下單流程標準化。而市場上卻缺乏成熟的採購下單系統，沒有標準化的模式可以參考，因此企業只能自行訂製開發。某時裝企業便使用 BI 工具自主開發應用滿足了採購智慧下單的場景需求。下面簡單介紹其實現流程。

首先，梳理業務邏輯。大部分的情況下，採購在做採買決策時，要回答兩個基本問題：第一個問題是搞清楚這件貨品的定位，比如它是試銷款、正常款、形象款，還是補足款等；第二個問題是確定這件貨品的量，比如是小量、小量多批次，還是固定量補庫存、大量等。一個優秀的採購，第一步是要會選品，第二步是要會定量。因此，採購智慧下單專案的目標是開發出讓採購能夠高效定位、快速定量的智慧下單工具，並且將工具融入工作流程，在企業中推廣使用。

對於貨的定位，在企劃部門制定的趨勢企劃下，由採購針對具體款式進行微調。這裡需要對貨品的分類進行預判，該企業整理出 4 個分類維度：試銷地點（例如專賣店、商場等）、試銷模式（正常、非正常）、產品等級（高、低）、產品時尚度（高、低）。

對於貨的定量，該企業設計了「隨選訂貨」的邏輯，就是把所有終端門店打上標籤，包括門店性質、門店所在區域、流量區間，以及一些特殊標籤等。有標籤後，就能按照標籤順序來區分和篩選門店，需求的主體也就明確了。在此基礎上，再參考歷史經驗資料和備貨量資料，根據不同的定位方式，設定具體的鋪貨數量。

最終，該企業利用 FineReport 開發出採購智慧下單系統，並與其 OA、SAP 系統打通，實現了從採購登入系統填報資訊到後台審核下單的完整流程，具體步驟如下：

（1）採購登入。

（2）填報貨品資訊及修改。採購使用 iPad 在現場拍照並即時輸入貨品主資料。如圖 5-6 所示，只需簡單地選取選單項即可在 5 分鐘內完成貨品資訊的輸入，並且進入 SAP 系統。

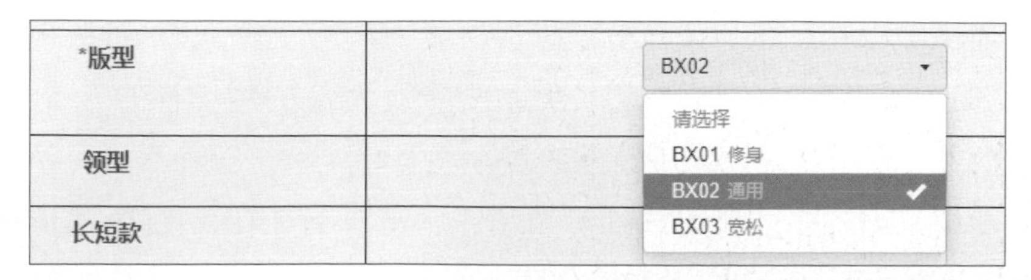

圖 5-6 透過選取操作輸入貨品資訊

（3）訂單填報。在訂單填報頁面，完成「貨的定位」和「貨的定量」，也就是貨品鋪法和配比的選擇，如圖 5-7 所示。填報完成後即進入 OA 系統審核流程。

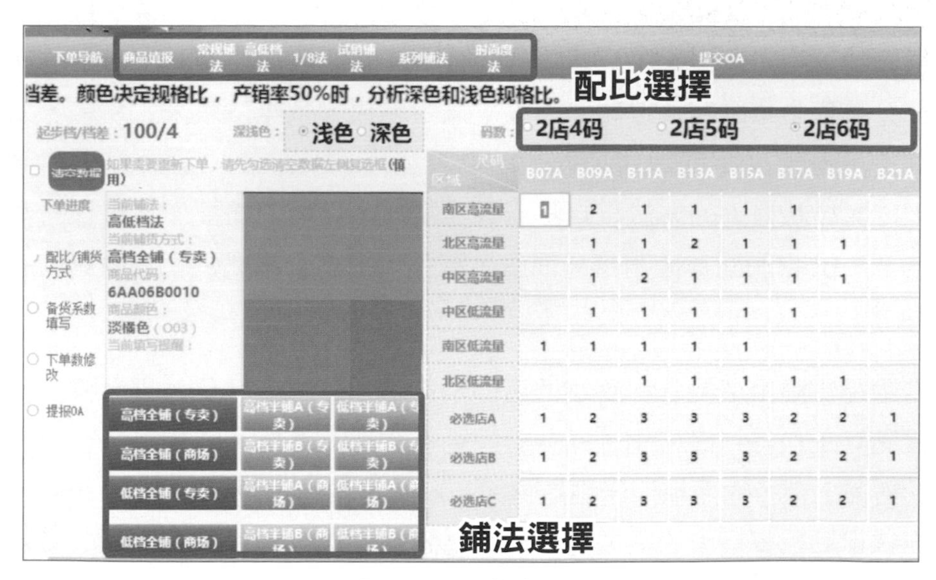

圖 5-7 訂單填報介面

（4）OA 系統流程處理。這一步主要是各項流程的審核，將 BI 工具融入其中，真正簡化採購的工作。

該企業的 CIO 表示，之前採購要在市場填寫紙質的表單，然後回酒店或公司做 Excel 表格，等 OA 系統審核後，再手工輸入 SAP 系統，而因為 SAP 系統有嚴格的限定，所以要尋找大量的對照關係，十分不便。啟用了這個採購智慧下單系統後，表單和流程全部植入 OA 系統，以前需要 1 周時間才能完成從訂單填報、審核到 SAP 系統生成資料的過程，現在縮減到只需 10 分鐘，極大提高了流程效率。

5.1.4 便利商店自動配貨

零售產業的核心競爭力是供應鏈管理能力，目前越來越多的零售企業在圍繞便捷、貨品精準轉換、去庫存等三大重點最佳化其供應鏈。在供應鏈管理和最佳化的過程中，一個非常重要的環節便是補貨。絕大部分零售企業的補貨策略普遍較為原始粗放，多半依賴人工經驗，尤其是一些連鎖便利商店，但是因為場地小、SKU 多、營業員少等原因，靠經驗補貨的方法已無法滿足其規模化發展的需要。在這樣的背景下，BI 自動配貨應用應運而生，為各大零售企業提供了一個有效的方法。

自動配貨應用主要針對終端門店類別店鋪，使門店訂貨、貨品陳列和盤點等工作得到最佳化，庫存管理更加合理、準確，釋放更多空間用於新品上架，從而為門店創造更大利潤。其核心思想是在 BI 系統中，根據自動配貨模型對需要配貨的商品預警並提供補貨數量作為參考。以某連鎖便利商店為例，其自動配貨應用主要涉及以下 3 大類分析模型：

（1）配貨任務分析模型：根據 ABC 模型將商品按暢銷度排序，計算出每一項商品的銷售額、銷量、毛利佔比及累計組成比，以累計組成比為衡量標準，制訂淘汰率和品類別權重，從而快速剔除淘汰商品，定位需要特別注意的 SKU。

（2）配貨連結分析模型：參照自動配貨主資料表的 4 個關鍵指標分析商品之間的配貨連結情況。

- 單品最小陳列數量：陳列數量即貨架數量加上倉庫數量，最小陳列數量為滿足一段時間銷售需求的陳列數量。
- 日均銷量：首先計算每個商品前 4 周的每週銷量，再根據每週銷量的不同權重求出加權平均後的日銷量。
- 上下限倍數：每個門店與物流點的距離存在遠近差別，到貨時間也各不相同，上下限倍數也可以視為門店的到貨間隔，下限倍數表示最快幾天到一次貨，上限倍數表示最慢幾天到一次貨。
- 商品上下架：上架即表示商品參與自動配貨，如不需要配貨，可將商品狀態改為下架，表示不參與配貨。

（3）自動配貨模型：自動配貨模型的核心是正確判斷配貨需求比，其判斷邏輯有兩筆（具體邏輯參見圖 5-8），一是透過商品上下架狀態進行判斷，即上架則商品參與自動配貨，下架則不參與；二是透過商品上下限進行判斷，當庫存低於商品下限時，系統回應配貨。

配貨數量的依據為商品上限 - 庫存數量 = 配貨數量（四捨五入），再根據結果判斷可滿足的供貨數量。

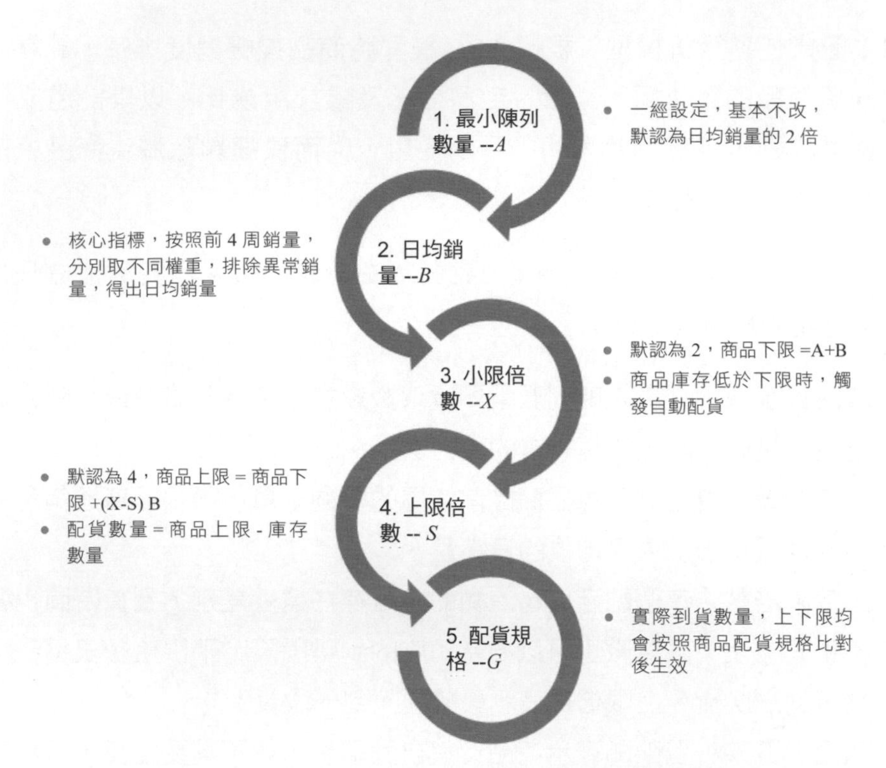

圖 5-8 某連鎖便利商店 BI 自動配貨應用的邏輯

有了這 3 大類模型，在 BI 系統中實現自動配貨也就非常簡單了。首先，在商品淘汰分析頁面，根據配貨任務分析模型剔除淘汰商品。接著在自動配貨表單中，根據配貨連結分析模型和自動配貨模型，輸入各項指標並設定背後的計算邏輯。最後就是等待商品缺貨時 BI 系統自動發送彈窗提醒（參見圖 5-9），根據建議補貨即可。

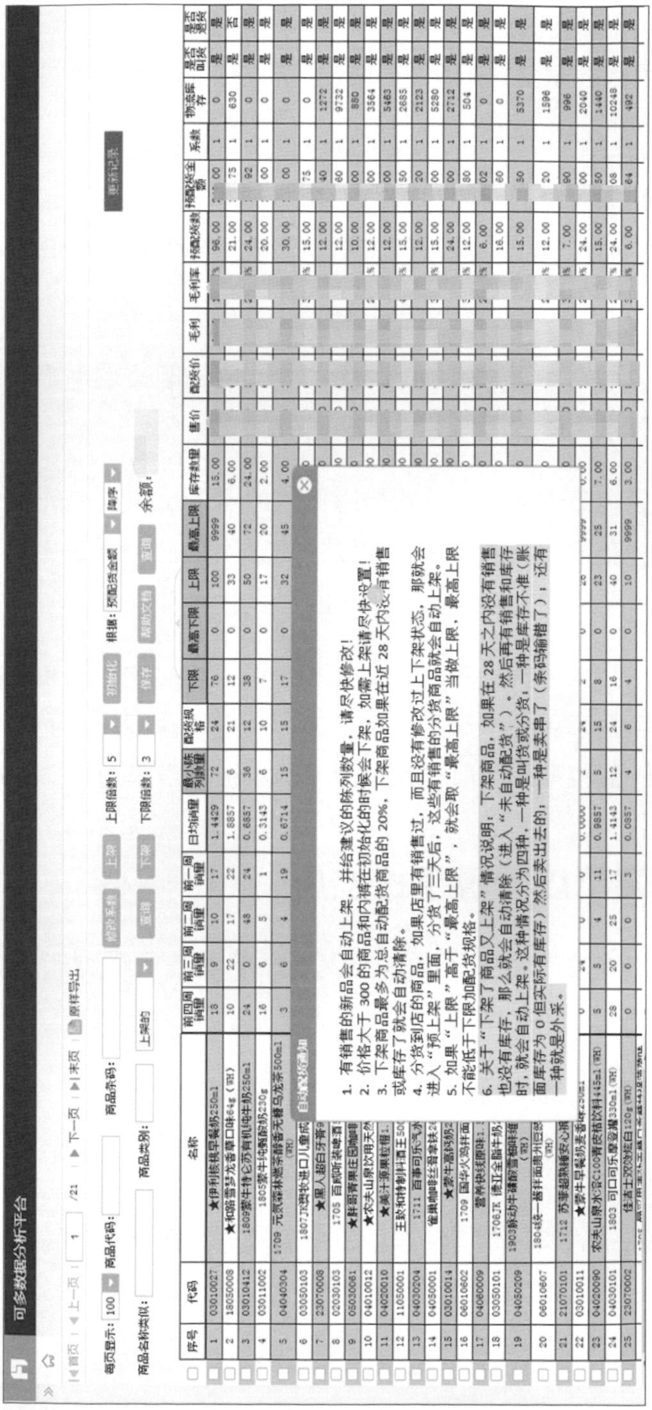

圖 5-9 自動配貨應用的彈窗提醒

自動配貨應用給這家企業帶來的價值可以總結為以下 4 點：

- 節省了人力成本。便利商店的日常經營非常瑣碎耗時，店長以往在進貨上需要花費大量的時間和精力，人力成本較高；有了自動配貨應用後，每次能節省幾小時的叫貨時間，而這些省下來的時間就能用來改善服務。
- 庫存盤點更容易。有了自動配貨應用，門店的叫貨週期縮短了，有利於清點庫存，店員的工作量也明顯減少。
- 不漏貨，還能節省空間。進貨全憑個人感覺的結果就是經常會漏報缺貨的商品，影響門店的銷售。自動配貨應用幫助降低缺貨率，提高商品流通率，門店的銷售額也有不小的增長。
- 精準轉換。某些可拆零的商品如紅酒，可以按瓶向門店精準配發，保證門店的食品和用品不缺貨也不長期存貨，確保客戶買到的商品總是最新鮮的，這也幫助門店提升與週邊同業態的競爭力。

5.1.5 終端門店督導手機巡店

在零售企業的終端門店中，巡查門店是品牌商在各個城市的督導的主要職責，巡查的工作內容主要有以下 3 點：

- 對門店的人貨結構進行瞭解，瞭解門店當前的問題。
- 對正在解決中的問題進行監管，包括商品、導購、零售、庫存等 4 個方面。
- 檢查門店商品的陳列是否符合標準，對門店的標準化形象評分。

然而，這些工作的相關資料全部由督導手工記錄在冊，沒有 IT 系統支援，因此受人為因素的影響很大，主要有以下問題：

- 督導一般採用打電話詢問門店的方式規劃巡店路徑，經常會遺漏店鋪，來不及巡查。
- 對於門店商品結構方面的情況，督導到店後打開店裡的電腦才能查到進銷存資訊，然後尋找問題，再想對策，這種方式耗時耗力。
- 對於導購的業績情況，督導巡店前只能參考月度結算單，無法獲知其最近的業績表現，也就無法及時對導購進行輔導。

針對以上 3 個問題，不少零售企業的督導希望能得到 IT 系統的支援，提出一系列需求：透過行動端應用自動規劃巡店路線，確保不漏掉一個門店；在手機上就能瞭解門店的商品結構，提前做好功課，到店裡就可以直接講方法；導購的業績也要清清楚楚地發到手機上，到店後避免無效溝通，而是做針對性的輔導。

某體育用品零售企業對這個問題的解決想法是透過已有的行動 BI 平台開發出一套督導巡店應用，最終實現以下功能：

（1）規劃巡店路線。督導巡店應用基於手機 LBS（基於位置的服務）定位資料，顯示週邊 10 公里以內的門店，按距離遠近排序（根據高德地圖 + 經緯度演算法計算直線距離），為督導提供路線徑劃依據。

（2）瞭解門店的商品結構，並提出改進意見。一般情況下，督導的想法是依次查看某幾個大品的銷存結構（含相較去年），按男女裝、長短裝拆分某幾個大類的銷售情況，查看系列環狀圖型分析、銷量年季分析、Top SKU 分析、Top 款式明細等內容（參見圖 5-10），然後標識異常情況並思考應對策略。

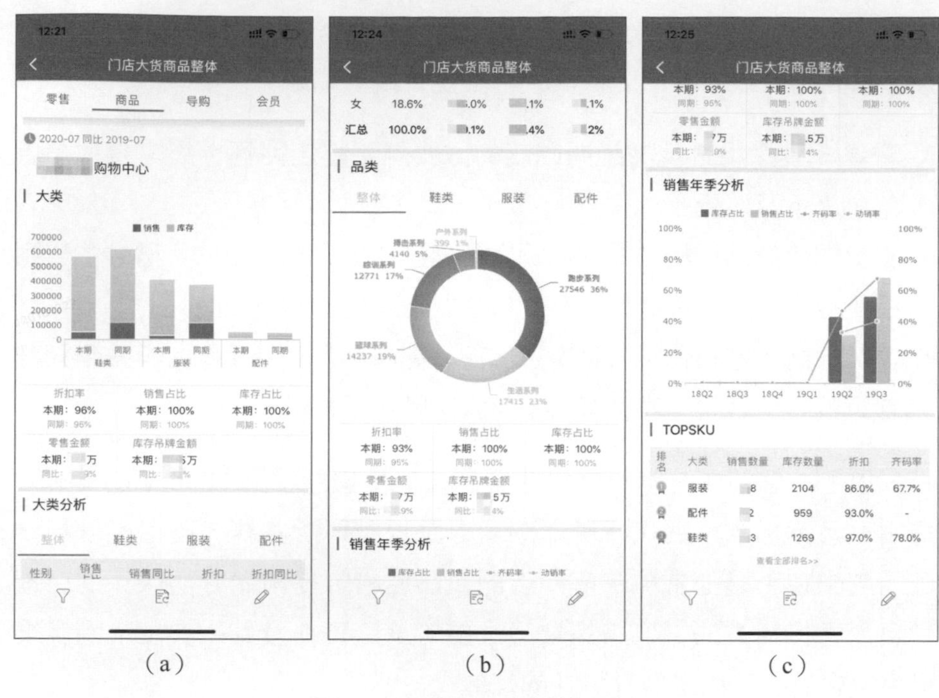

圖 5-10 門店商品結構分析

（3）瞭解導購業績，提前發現 KPI 異常。對於導購的業績情況，督導的想法是先看其在全公司的排名有沒有變化（這也是督導的考核指標），接著再看零售額排名為前 3 名和後 5 名的導購，從發票數、客單價、連帶率這三個軟指標剖析原因，做到對關注物件心中有數。由於導購的流動性較大，所以最後還要判別導購的入 / 離職情況，督導經常看導購的業績，就很容易發現人員變更。

該企業的督導採用手機巡店後，巡店效率得到明顯提升，和店鋪導購的溝通更具有針對性，查看手機就能發現和解決問題，實現閉環。同時，全公司店面資料對督導透明以後形成了賽馬機制，排名的壓力會驅動督導去關注排名靠後的店鋪，而名列前茅的優秀店鋪也繼續努力保住名次，變得更加優秀。

5.2 金融產業

金融產業包括銀行產業、保險業、信託業、證券業和租賃業等細分產業。具體的金融企業也被稱為金融機構，一般具備指標性、壟斷性、效益依賴性、高風險和高負債經營等特點。除了全面風險管理等通用場景外，BI 在不同類型的金融機構中還有一些特色應用，例如銀行的網點業務量分析、證券機構的使用者地圖、基金路演等。本節將一一介紹。

5.2.1 證券公司全面風險管理

風險控管是各種金融機構的重要任務。一方面，金融產業由於其交易場景複雜、覆蓋範圍廣，本來面對的風險就比其他產業多；另一方面，隨著科技的發展，金融機構的各種新興業務如網際網路金融、電子支付等也帶來了不少新的風險，因此企業要想最大限度地減少或避免風險，就需要全面控管，即全面風險管理。

很多金融機構都建設了各種風險管理系統。以筆者的客戶，某證券公司為例，在用的風險系統就有淨資本風險管理、市場風險管理、信用風險管理、操作風險管理、即時風險監控等多套系統。全面風險管理工作需要同時使用多套系統中的資料，而由於各風險管理系統相互獨立，對資料的整合分析就只能線上下進行，這樣既大大降低了資料分析效率，又不便於在系統中展示和回溯分析結果。

於是，該證券公司利用 BI 工具架設了全面風險管理資訊平台，歸集全部風險監控指標，整合式管理各種風險。這個 BI 平台分為全面風險管理駕駛艙系統、全面風險管理日報、風險管理工作環境等 3 個部分。其中駕駛艙負責直觀、即時地展示資料，日報負責全面、精確地統計資料，工作環境則用於幫助風險管理人員規劃和協調工作。

1. 全面風險管理駕駛艙系統

駕駛艙使公司決策層和各業務線風險管理負責人能直觀、清晰地看到視覺化的風險指標，如盈虧、VaR（Value at Risk，風險價值）情況、負面輿情、配額情況、預警情況等，為全面風險管理提供支援。圖 5-11 所示為駕駛艙系統中的自營（業務）全面風險管理駕駛艙介面。

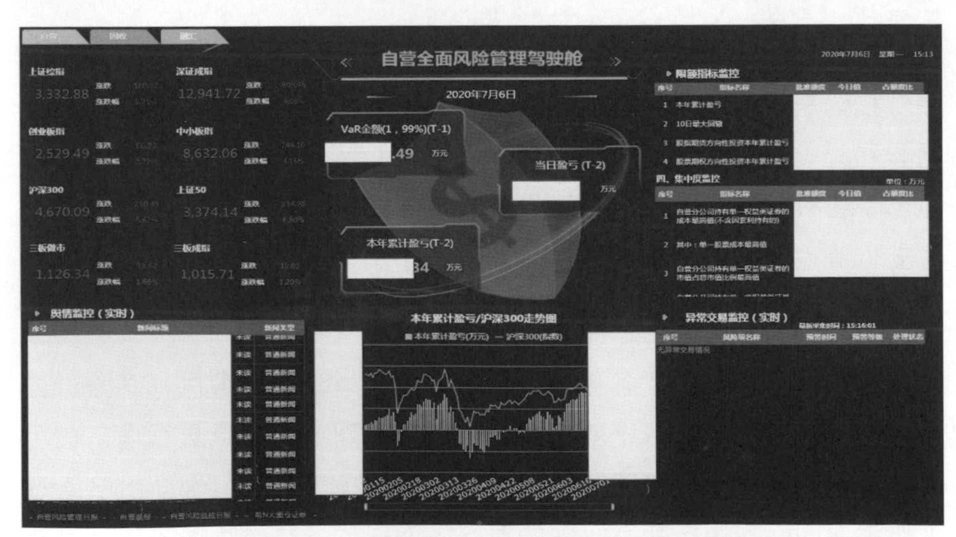

圖 5-11 自營（業務）全面風險管理駕駛艙介面

據回饋，駕駛艙使各業務線風險管理人員徹底擺脱同時登入存取 5 套系統、查詢 10 餘項選單的煩瑣操作，每人每天至少節省半小時，全年共可節省出 1300 多個小時，約合 55 天。

2. 全面風險管理日報

該公司管理層每天都要瞭解各條業務線的風險情況，此前都是由風險管理人員每天手工整理風險管理日報並向上級匯報，但由於該公司是一家綜合性券商，涉及的業務較多，編制一份風險管理日報需要花費較長時間。舉例來説，僅完成一份自營業務風險管理日報就至少需要 1 小時，並且管理層查看日報時的體驗也不好。

导出

查询日期: 20200703 查询

自营风险管理日报

日期：20200703 单位：万元

项目	批准额度	今日数	上日数	变动数	占额度比
自营分公司整体投资规模合计		.03			
（一）权益类证券及衍生品投资（含融券券源）规模小计		.01			
1.股票		.28			
其中：上证180、深证100、沪深300成份股		.28			
一般上市股票		.76			
流通受限		.00			
其他股票		.25			
其中：主板股票		.86			
中小板		.27			
创业板		.11			
港股		.90			
科创板		.42			
其中：方向性投资（未套保）		.68			
方向性投资（已套保）		.33			
套利		.58			
券源		.02			
其中，近三日行业板块涨幅排名前五（方向性投资）：非银金融		.61			
休闲服务		.40			
房地产		.21			
采掘		.99			
银行		.06			
2.权益类基金		.16			

圖 5-12 自營（業務）風險管理日報

建立全面風險管理資訊平台後，平台在員工每天上班前自動生成 T-1 日各業務線全面風險管理日報，圖 5-12 所示即為自營（業務）風險管理日報。平台還自動擷取各風險管理系統中與日報有關的指標資料，經過資料清洗、處理和計算後形成各業務的風險資料集市。日報中包含百餘個風險監控指標，每一個指標的計算方式都不同，有部分指標點擊後還可以進入詳細資訊頁面。此項功能是原有手工編制的日報無法提供的，日報的閱讀體驗大幅改善。

3. 風險管理工作環境

風險管理的工作較為繁重，相關人員需要同時處理多項工作，及時記錄各項資料，定期總結、回查工作內容等，因此，該公司自主研發了風險管理工作環境，使風險管理工作有序進行。

如圖 5-13 所示，風險管理工作環境將工作分為動態工作、固定工作和年度重點工作，根據重要程度又把這些工作劃分為動態一般、動態重點、固定一般和固定重點。其中固定工作的頻率劃分為日、周、月、季和年度，工作環境可根據對應頻率自動生成工作任務，防止固定工作被遺漏。工作環境還具有派發任務，自動生成工作總結、工作計畫的功能。將所有工作內容輸入工作環境後，其記錄的工作量將為員工績效考核提供依據。

與 OA 系統注重工作流程管理的定位不同，風險管理工作環境則更注重協調團隊工作、有序管理工作計畫、自動提醒待辦的固定工作等。據統計，工作環境上線運行後，該公司的風險管理人員工作效率提升至少 30% 以上，團隊的工作協調性也提高了。

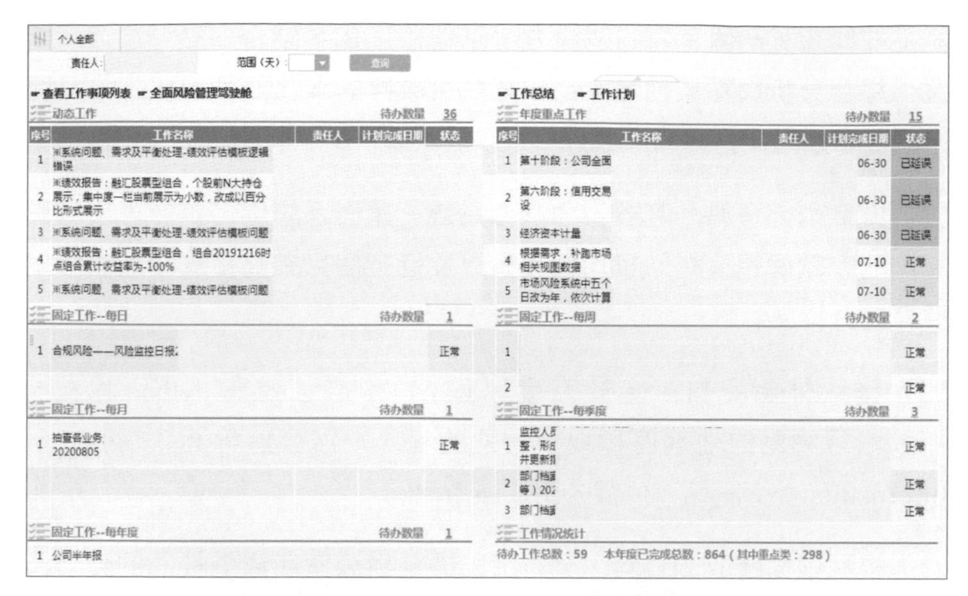

圖 5-13 風險管理工作環境首頁

5.2.2 銀行網點業務量綜合分析

網點是銀行接觸客戶的終端，現代銀行的網點雖然相比網際網路獲客而言效率較低，但是在便民服務和形象展示方面，完全無法被網際網路取代，特別是一些傳統銀行或中小銀行，網點就是它們的生命線。

網點有其不可替代的作用，但是網點的營運卻並不是那麼容易，存在不少的問題。舉例來說，網點的營運成本那麼高，怎樣才能帶來對應的回報？有些網點有非常好的資源，但業務量卻不多，而有些網點資源一般但是人效極高，區別在哪裡？另外，每家銀行在某一地區的營業網點會達到幾十甚至上百個，如何衡量各網點的業務規模與週邊環境是否匹配？網點的資源設定是否充分考慮了客流情況？

對這些問題，一個有效的解決方法便是利用 BI，結合網點週邊環境情況，綜合分析網點業務量，找出網點可改善的業務並列出建議。具體來説，對網點業務量的綜合分析可以按照以下步驟展開：

（1）獲取內部資料。基於行內核心系統、櫃面系統等，統計得出每個網點的存款餘額、網點日均業務量以及近三個月業務量的平均值等重要經營資料。

（2）獲取外部資料。基於百度地圖 API，透過編寫 Python 程式，抓取銀行網點的地理座標以及週邊的社區、辦公室等 POI（Point of Information，資訊點）位置，生成熱力地圖。

（3）根據前面獲取的資料，分析網點週邊辦公室和周圍社區的分佈情況。

（4）將內外部資料整合後，得到網點的經營業績與週邊環境的對照關係表，如圖 5-14 所示。

机构名	存款年日均（亿元）	业务量（笔）	地址	周边小区数量	周边写字楼数量
营业部		840	大厦B座	114	36
场支行		792	广场19	91	12
支行		675	新华路18号	87	32
支行		647	马路188号	233	126
营业部		643	海西路10号	137	26
支行		633	街61号	101	5
营业部		553	安路86号	84	63
桥子支行		532	马路228号	161	92
支行		520	路269号	156	12
支行		513	段14号	102	11
支行		504	学街27号	48	3
支行		494	路366号	329	44
支行		493	街2号	83	2
支行		481	路12号	148	20
支行		474	路8号	108	11

圖 5-14 網點經營業績與週邊社區及辦公室數量對照關係表

（5）綜合檢查各項資料，對不同類型的網點列出針對性建議。

- 網點業務量大、業績佳：增開服務視窗，增設智慧機具，並增加大廳經理人數，幫助疏導客流至智慧機具辦理業務。
- 網點業務量大、業績差：增開服務視窗，增設智慧機具，並增加大廳經理人數，幫助疏導客流至智慧機具辦理業務；理財經理加大行銷力度，透過精準行銷提升對網點到訪客戶的行銷成功率。
- 網點業務量小、週邊客群資源豐富：根據週邊環境開展行銷活動，客戶經理加大行銷力度，提升網點客流量，沉澱客戶資金。
- 網點業務量小、週邊客群資源少：適當壓縮網點規模，釋放容錯資源，提升服務飽和度。

某銀行在 BI 系統中實現網點業務量綜合分析後，其 CIO 列出了非常高的評價，認為網點業務量綜合分析揭示了該行網點的資源匹配度，並且為網點改革方向提供了資料支援，切實提高了網點的營運效率和投入產出比。

5.2.3 證券公司使用者地圖

採用傳統的線下行銷模式，當使用者量不斷增加時，金融機構的行銷人員、營業部、分公司都缺乏有效的方法去瞭解使用者。一般都是行銷人員根據自身經驗尋找潛在使用者群，而這樣做有兩個弊端：一方面，可能花費大量的精力向那些非目標群眾的使用者推銷產品；另一方面，真正需要產品的使用者並沒有被及時地發現，沒有行銷人員與之溝通。使用者地圖可以有效解決上述問題，幫助金融機構瞭解使用者情況，制訂精準的行銷策略。

使用者地圖的設計和開發一般要經歷使用者需求調研、資料整理與加工、BI 工具實施、許可權分配等環節，具體功能主要包括使用者洞察、使用者分群、人物誌、業務線情況、生命週期等。下面以筆者的客戶某證券公司的使用者地圖為例介紹。

（1）使用者洞察模組。使用者洞察是一個大的模組，主要實現使用者分群、使用者洞察、人物誌等 3 個功能。如圖 5-15 所示，管理員首先根據系統中的使用者年齡、性別、資產、交易以及產品購買情況等維度對使用者群進行任意的分割，並透過使用者洞察模組查看分割後使用者群眾的各維度情況。

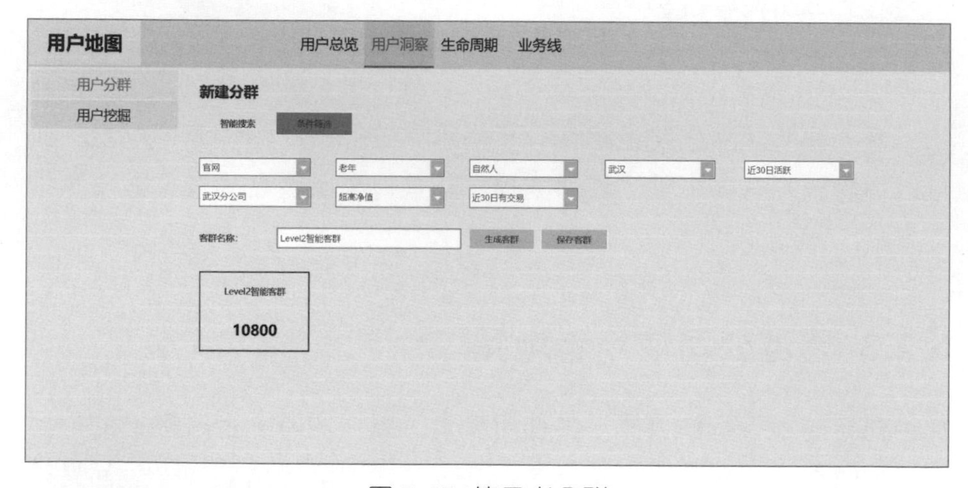

圖 5-15 使用者分群

完成使用者群的劃分後，BI 系統針對行銷人員篩選的使用者群，對使用者群的整體評分、對銷售額的貢獻以及預測的產品銷售轉換率等進行視覺化展示，幫助行銷人員判斷所篩選的使用者群是否符合業務標準。另外，相似使用者群的資訊也可以幫助行銷人員找到更多目標使用者。

人物誌功能則用於查看使用者的銷售特徵，方便行銷人員開展針對性的行銷活動，提高行銷轉換率。人物誌對使用者各個維度的資訊進行展示，包括使用者的來源通路、活躍程度、資產情況、對銷售額的貢獻以及偏好等（參見圖 5-16）。行銷人員可以即時觀察使用者群的情況，及時調整相關策略。

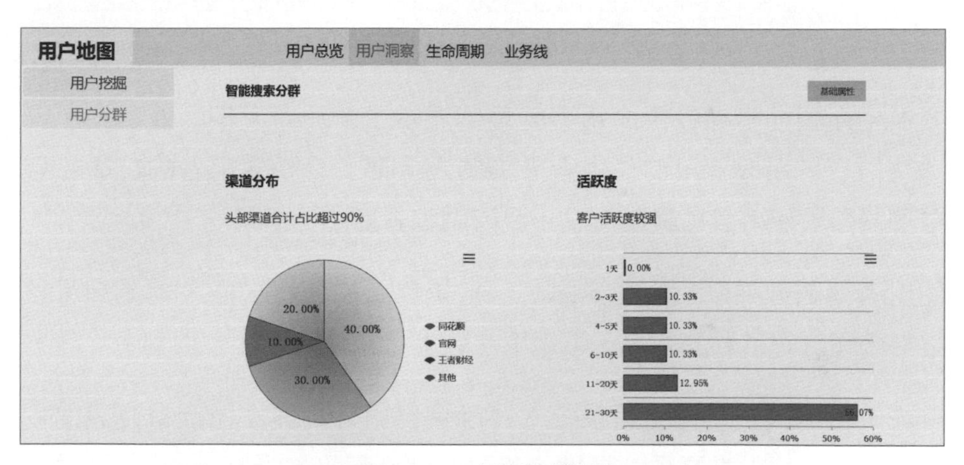

圖 5-16 人物誌範例

（2）業務線管理模組根據部門業務線的劃分來展示各個業務線的情況，包括理財產品銷量、投顧服務銷量、新開戶情況等，如圖 5-17 所示。各業務線人員據此查看自己業務方面的即時情況，及時調整，提高業務的回應度。

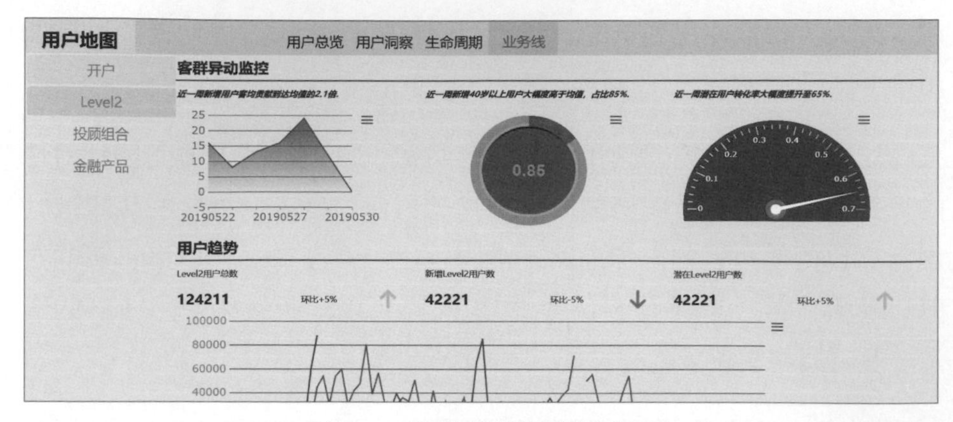

圖 5-17 業務線管理模組介面

（3）生命週期模組從生命週期的角度展示了處於新手期、成長期、成熟期、衰退期等階段的使用者分佈情況，便於分析使用者的特徵，發掘每個階段使用者的異動情況，及時調整對應的行銷策略。

使用者地圖型擷取使用者資訊、監控業務線的運行，極大地提高了該證券公司行銷活動的效率，給線下、線上行銷帶來了很多便利。

首先，行銷人員可以使用系統快速篩選出適合為其推送行銷資訊的使用者，使得線上推送更加精準，優惠券轉換率平均提高 100%，效果十分明顯。使用者購買轉換率平均提高 50%。

其次，線下管理員透過精準定位使用者，使得每名行銷人員所分配到的使用者更加精準，數量更少。這樣，行銷人員有更多的精力去服務目標使用者，而非機械地不斷給使用者打電話。在使用使用者地圖後，行銷人員人均服務的使用者數從 200 左右下降至 50 左右，但使用者轉換率提升了 20%，產品銷售總額提升了 30%。

最後，完整的使用者群分析提高了決策效率。總部領導以及分公司、營業部的主管可以透過該系統全面地分析、瞭解所轄使用者的情況，對使用者群眾進行追蹤，及時做出對應的營運決策，分析使用者的時間減少了一半以上，效率顯著提高。

5.2.4 金融機構線上基金路演

所有基金或資產管理公司都需要給機構和客戶做路演，每次路演基金經理都是使用路演 PPT 文稿為投資人介紹公司和基金產品情況的。但是，傳統的線下 PPT 文稿路演的形式存在以下兩個問題：

- 基金經理很多，而且缺少平台對路演 PPT 文稿統一管理，每個人拿出去的版本可能不一致。
- 路演 PPT 文稿中的文字描述部分一般不會發生變化，但涉及的資料指標卻是時常變化的，而這些資料如管理規模、基金產品數量、同業排名、基金經理資訊、收益率變動趨勢等，分散在每頁 PPT 文稿中，每次路演時基金經理都需要查詢最新資料再手動修改，耗費大量時間，並且可能會存在資料不準確的情況。

於是，很多金融機構別出心裁，將基金路演搬到 BI 系統中，成為線上基金路演。線上基金路演的實現非常簡單，其核心思想就是透過 BI 工具設計 PPT 範本，將路演 PPT 文稿嵌入 BI 系統，其中的資料指標和分析圖表與底層資料對接，每天更新。所有基金經理統一使用線上 PPT 文稿進行路演，從而統一版本，統一對外發佈的資料指標，確保資料安全。圖 5-18 為某金融機構的線上基金路演 PPT 文稿頁面範例。

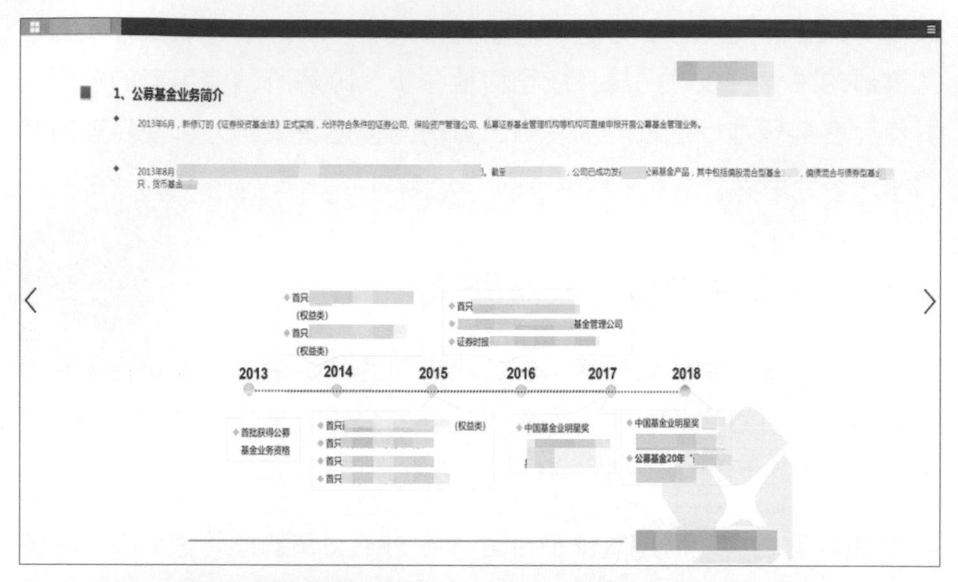

圖 5-18 某金融機構線上基金路演 PPT 文稿頁面範例

5.3 製造產業

製造業是一個非常龐大的產業，涉及電子電氣、能源化工、機械裝置、食品、紡織等各方面，而具體的生產製造也分按訂單生產、按庫存生產、重複生產、批量生產及連續生產等多種形式。然而，不論是哪一種製造業，生產、銷售、供應鏈都是三大核心環節。因此，製造業在應用 BI 時重點集中在第一線生產情況、生產裝置、物資採購、庫存管理、銷售管理等方面。本節聚焦生產和裝置物資管理場景，介紹生產視覺化、物資全生命週期管理和阿米巴經營等 BI 應用。

5.3.1 生產視覺化

生產是製造企業的首要任務。如今很多製造企業生產自動化程度較高，其生產資料具有規模龐大、底層資料須多重連結分析等特點。在傳統管理模式下，生產資料並未得到充分重視和利用，有以下的問題：

- 生產資料反映出的問題容易被掩蓋，難以及時發現，而且即使發現了也無法追責。
- 手動統計資料大大增加了第一線員工的工作量，佔用人力，不利於企業人力資源最佳化。
- 廠部級主管很難有效監控各分支機構的生產動態，對生產環節存在的問題無法及時反應、及時解決，嚴重影響企業生產效率和經營成本。

因此，大部分製造企業希望透過資料採擷生產力，保持生產的高效與穩定，實現降本增效。

生產視覺化將各種生產資料和指標在 BI 系統中進行視覺化展示和分析，幫助企業監控異常情況，保障生產正常運行，同時也節省整理統計資料的時間，提高效率，是 BI 在製造業的主要應用。

生產視覺化涉及的具體內容因企業而異，一般來說有生產視覺化看板和生產機況監控等具體應用。

1. 生產視覺化看板

某企業生產部門在開晨會前會分析前一日的生產日報資料，方式是在不同的業務系統中抓取詳細資料，然後用 Excel 或 PPT 整理製作日報。從抓取資料到製作完日報可能需要兩三個人花費半小時的時間，此項簡單的重複性工作對生產部門的人力資源設定有較大影響。

為改變這一現狀，該企業 IT 部門在收集生產部門每日晨會最核心的部分資料後，用 BI 工具開發了如圖 5-19 所示的生產資料展示平台（生產視覺化看板）。生產視覺化看板能夠自動獲取各分廠的各項生產資料，以圖形方式簡捷明瞭地展現全域狀況，既幫助生產部門節省了獲取資料製作報告的時間，又即時展現生產資料，準確回饋了達產狀況。

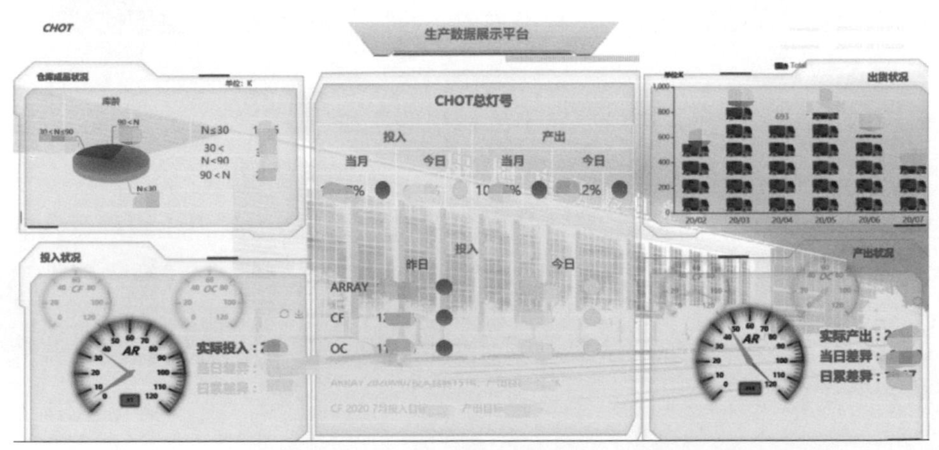

圖 5-19 某企業生產資料展示平台

在此基礎上，IT 部門還設定了資料警示設定值，資料一旦超過標準，將顯示紅燈進行警示，控制風險，減少產能漏洞。另外，透過在後台整理資料，看板的資料刷新時間降到 3 秒以內，幾乎可以做到即時打開、即時查看，並且能夠即時查看當日的分時達產狀況，對企業產能達標形成了重要督促作用。

2. 生產機況監控

某些製造企業的部分生產線線體過長，一旦裝置出現問題，如不能及時定位和解決，將給企業造成無法挽回的影響。

在某 LCD 製造企業中，經常發生工廠機台停機幾個小時後廠房管理人員才得到訊息的情況，極大影響了產能。該企業決定對裝置負荷機台進行即時監控，解決此問題。他們利用 BI 系統和資料大螢幕，透過圖形直觀展示各裝置單元的即時運轉情況，對裝置當機、切換線等各種機況以不同顏色展示（參見圖 5-20）。而且，在螢幕下方顯示了當天各機台機況的切換情況及使用者上報的備註說明，可直觀瞭解工廠內當天的裝置運轉情況，以便追查問題。BI 系統每 10 秒抓取一次資料更新資料大螢幕，保證對裝置的監控即時有效，及時發現問題並預警。

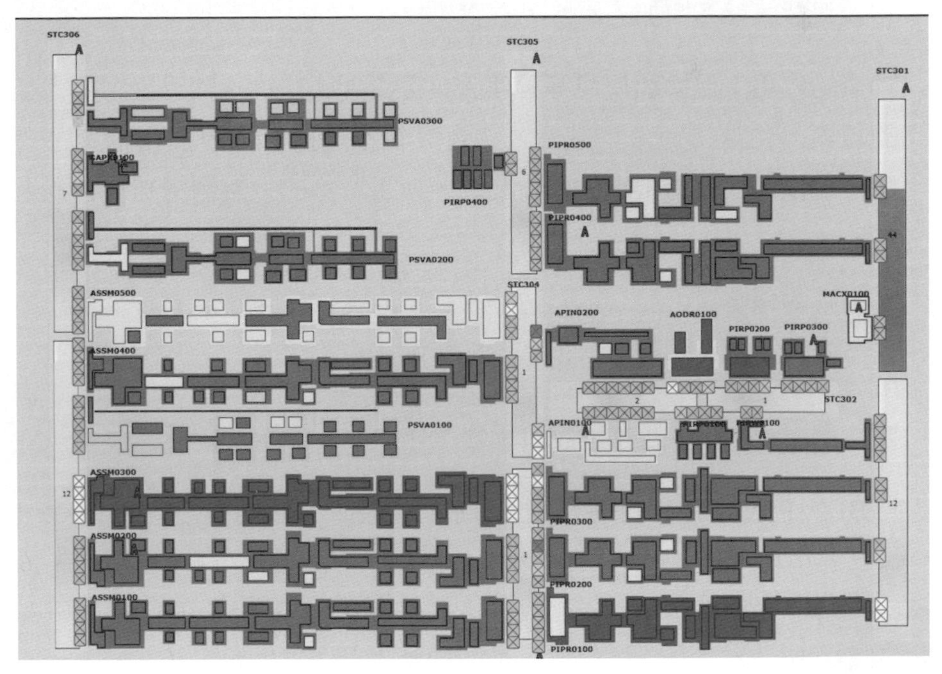

圖 5-20 生產機況監控

5.3.2 物資全生命週期管理

對製造企業來說，物資是生產過程中最關鍵的要素，物資管理是企業日常經營中非常重要的一環。然而長期以來，不少企業的物資管理採用在現場手工記帳的方式，這種人工作業的方式帶來以下幾點問題：

- 操作現場的資訊傳遞落後。物資資訊在現場被人工輸入後經過統計人員整理形成報表，最快次日才能報送至職能部門相關工作人員手中，並且庫存資訊的準確性不佳。另外，物資庫存高，資金佔用多，存在物資浪費、成本增加的風險。
- 物資的領用、更換和使用等管理資料仍由人工記錄，缺乏長期、完整的資料，也無法有效地整合。物資計畫不準確，物資使用情況不透明，難以對供應商做出評價。此外，人工記錄的紙質單據還很容易遺失。
- 未對物資使用週期的全過程進行監控，對於物資資訊缺乏綜合分析，使用率低，物資的使用流程無法進一步最佳化。
- 未能利用資訊化手段指導物資管理工作。

基於 BI 的物資全生命週期管理系統圍繞入庫、庫內管理、出庫等環節，針對這些問題提供了一套完整的解決方案。整體的想法是首先透過身份碼，將物資按一物一碼（一批一碼）確定身份，再按照身份碼將採購訂單、物資與貨位精確對應，將物資的上 / 下架、出 / 入庫、揀選、領用、使用等操作記錄下來，形成物資檔案，實現對物資使用的精細化管理，保障物資的有效流轉，準確追蹤訂單的執行情況。具體步驟如下：

（1）梳理業務流程，透過掃描二維碼將入庫前、庫內和出庫後的各種操作資訊輸入系統，確保及時、準確地收集資料。圖 5-21 所示為梳理出來的業務流程。

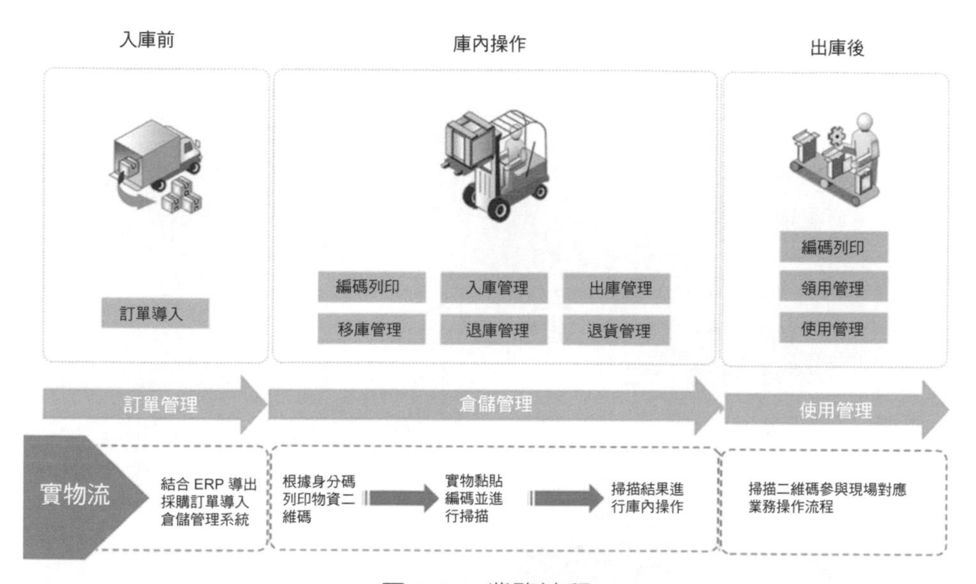

圖 5-21　業務流程

（2）對收集的資料做分析。在 BI 系統中實現基礎資訊、操作管理、綜合查詢、綜合分析、綜合檢查等功能模組，為主管及職能部門相關人員提供管理和決策依據。

- 基礎資訊模組採用成本中心與物料資訊資料作為基礎資料來源，建立完整的倉庫管理制度，制定標準的庫位編碼系統。
- 操作管理模組提供訂單匯入、編碼列印、入庫管理、出庫管理、移庫管理、退庫管理、退貨管理等功能。採購人員將採購訂單資訊匯入物資全生命週期管理系統，操作人員列印出系統生成的物資編碼後，用終端裝置掃描庫位編碼及物資編碼，進行入庫、出庫、退庫等操作。圖 5-22 所示為某製造企業物資出庫、移庫操作在 BI 系統行動端的頁面。

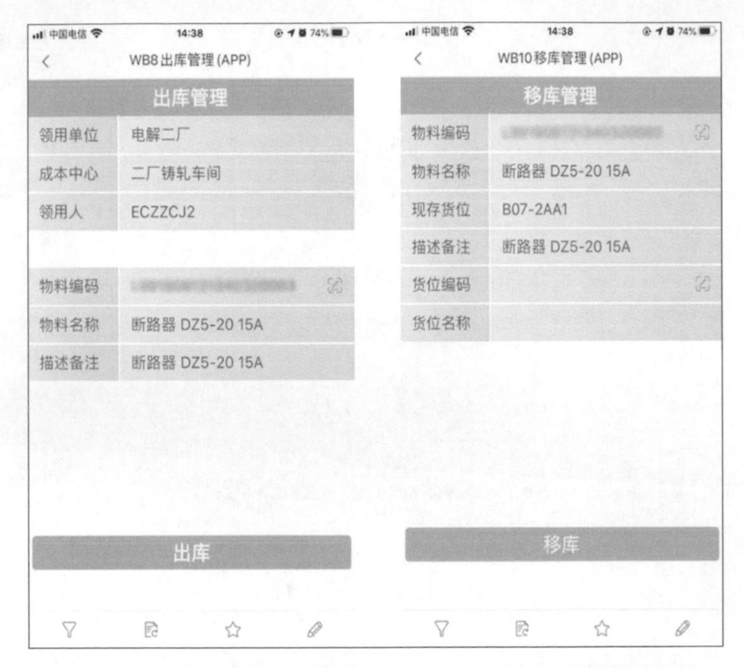

圖 5-22 物資出庫、移庫操作在 BI 系統行動端的頁面

- 綜合查詢模組包含庫存查詢、入庫查詢、出庫查詢、退庫查詢、歷史庫存查詢、物資資訊查詢等功能，提供對各種操作記錄的查詢，使操作人員可以方便快捷地檢查其操作是否正確有效。

- 綜合分析模組包含物資資訊播報、物資平衡分析、物資使用情況分析、單一物資資訊分析等功能，以圖形、圖表的方式為主管及職能部門提供清晰、直觀的資料，以便從不同維度和粒度瞭解企業物資的使用情況。

■ 綜合檢查模組對訂單的匯入、出/入庫、領用、使用等關鍵控制點的資料進行比較驗證，自動產生檢查結果，減少檢查過程中的人力干預，確保物資管理制度被有效執行。

物資全生命週期管理系統的價值主要有兩個方面。一方面，它實現了物資管理流程的標準化。此系統結合企業物資管理制度，規範了物資倉儲、貨位/貨架、物資使用等標準化業務流程的管理，並且做了最佳化，使對物資的管理更加合理。

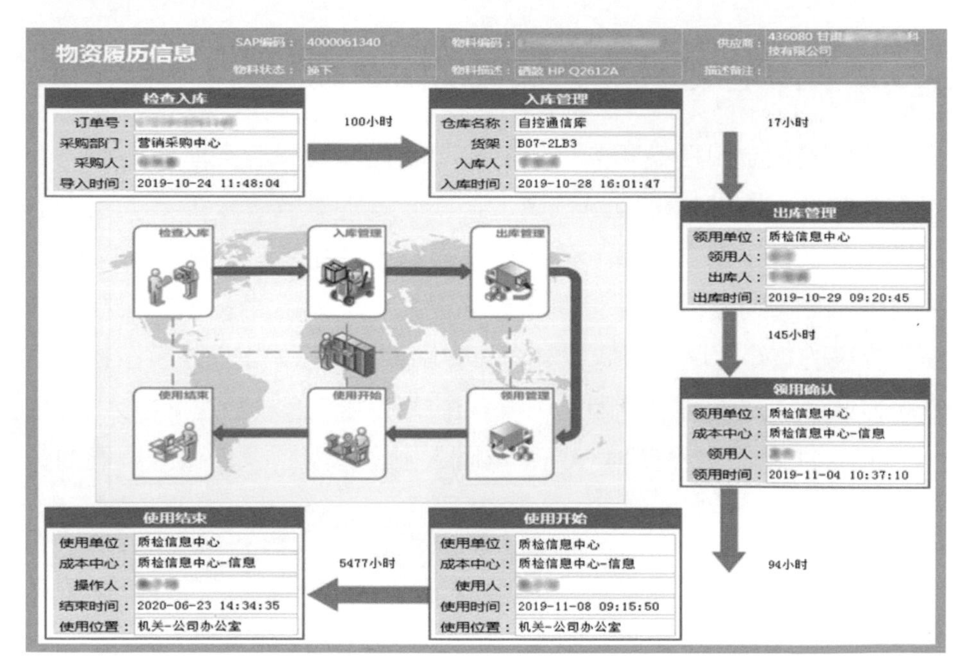

圖 5-23 某企業的物資履歷資訊

另一方面，物資全生命週期管理系統使資料可追溯，實現對物資相關資料的追蹤管理。該系統收集完整的物資履歷資料（圖 5-23 所示為該企業的物資履歷資訊實例），做到了物資使用週期全程的資料均可查；

物資管理部門可在系統內追蹤和監控物資的使用、消耗情況，比如誰申請、誰使用、數量多少等，相關資訊一目了然，一旦出現異常情況可以快速找到責任人，有效減少物資浪費，造成降本增效的作用。

而這兩個方面的價值最終也表現在企業的經濟效益上。筆者的客戶企業透過物資全生命週期管理系統，盤活資金約 500 萬元，盤出待處理物資價值超千萬元，降低了庫房的資金佔用率，同時節省了備件和輔材的開支。

5.3.3 阿米巴經營助力無紙工廠建設

阿米巴經營理念因稻盛和夫對日航的重塑而在整個航空產業內被人熟知，在製造產業中的應用也較廣。其核心是將組織層級拆分成獨立的結構後，各部門獨立核算，只要應用得當，就能夠有效解決企業的諸多經營問題。而阿米巴經營理念的落實與實踐離不開資料，因為它對經營報表的核算粒度、及時性等方面要求較高，採用 Excel 手工核算的傳統方式無法滿足需求。因此，很多企業將阿米巴經營理念融入 BI 平台，企業 IT 部門全程參與，為企業匯入阿米巴經營理念做好關鍵的資料支持。

阿米巴經營是管理理念和資料應用的結合，是 BI 的綜合應用。本節以某製造企業的無紙工廠建設過程為例，介紹阿米巴經營與 BI 平台的有機融合。

在 BI 平台規劃之初，該企業就將工廠的「數位化、自動化」作為新一輪資料應用的方向，確立了 IT 基礎建設始終與公司發展和業務變革緊密結合的戰略。在此戰略的指導下，該企業貫徹阿米巴經營的基礎理念，將定價管理、經營情況上報、經營會計、經營情況診斷、員工激勵的流程，匯入阿米巴核算平台，並對 TPM（全員生產維修）、SRM（供應商管理）、ERP 等 10 個系統進行整合，建立了全新的「無紙工廠」資訊平台。經過 3 年的發展，該企業的「無紙工廠」計畫已經落實到廠房的各方面。如圖 5-24 所示，從採購收貨、進貨檢驗一直到揀貨、裝車等 20 個流程，都摒棄了傳統的紙質辦公模式，還透過多系統的整合，採用 BI 平台和資料大螢幕來展現及處理業務、監控生產品質。下面我們以幾個具體的應用對該企業的「無紙工廠」資訊平台介紹。

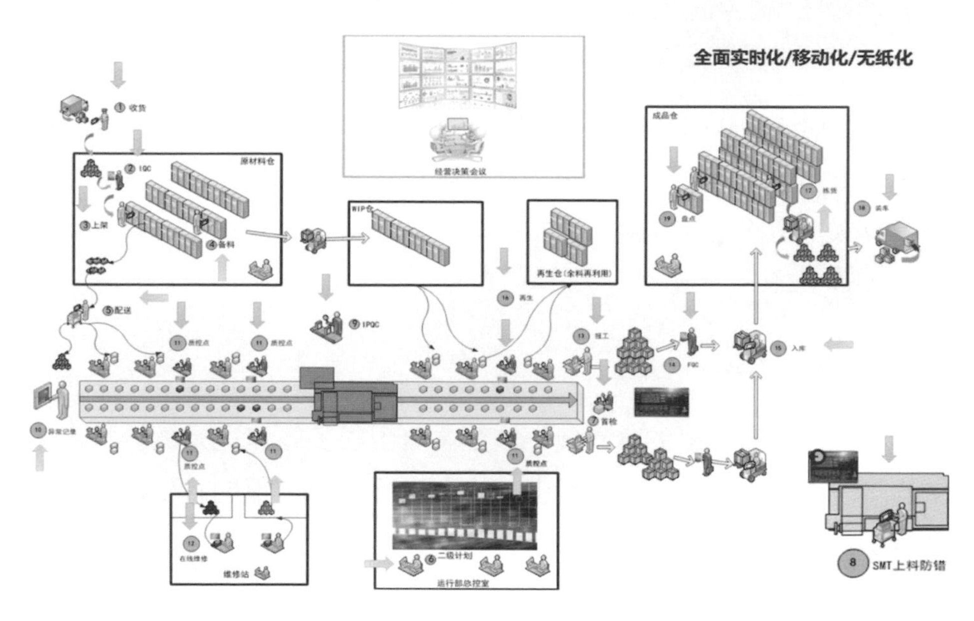

圖 5-24 無紙工廠流程範例

1. 打通並整合多個業務子系統

為建成無紙工廠，該企業的 IT 部門首先用 BI 工具架設了健全的系統介面，將 SRM、TPM、OA 等系統內的資料進行整合，實現了企業全價值鏈的資料互通。具體來說：

- 打通製造流程與計畫管理系統，對專案進行全流程追溯，實現資訊的即時回饋，提高效率。
- 打通工序流程與製造管理系統，利用資料監控與預警功能，實現精細化管理，減少無效人員投入。
- 打通製造流程與品質管制系統，透過報表許可權的分配設定模組責任人，從而進行更高效的精確分析，全面提升品質管制水準。

如今每個部門都將業務資料、檔案集等與 BI 平台進行了連結映射，保證資料公開且不遺失，同時也打通了各個模組的資料孤島，最大化地利用及採擷當前的資料能力。2019 年，該企業僅財務費用一項就相較去年下降了 3%。

2. 存貨預警系統

在整合各個業務系統的資料後，該企業發現很多業務還是處於月末總結的階段，不能及時反映過程中的問題。所以，IT 部門針對倉儲模組打造了物料、半成品、成品生產倉、成品銷售倉的視覺化動態預警系統。

- 透過抓取和整理不同系統中的資料，存貨看板（如圖 5-25 所示）可以生成物料清單表和物料生命週期表，經過資料的聯動和查詢，以及多層鑽取，很容易看出哪些物料長時間未使用，並給予對應處理。

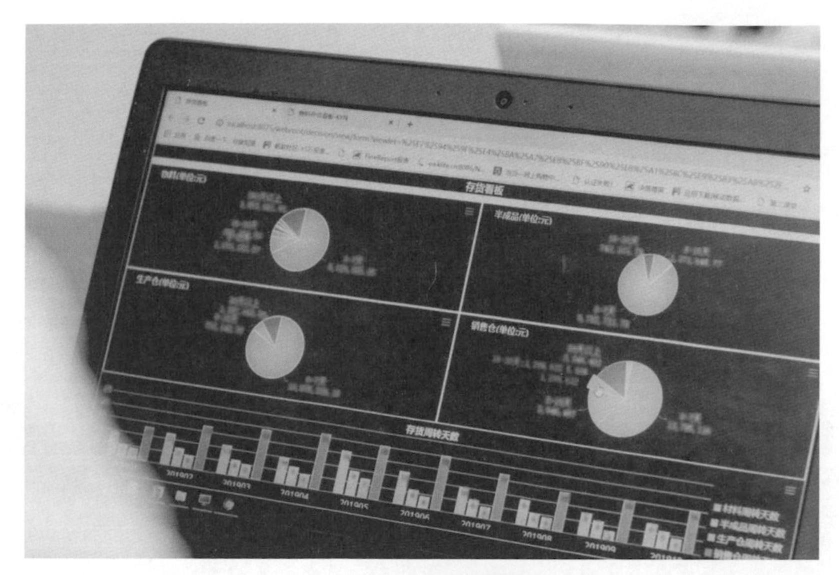

圖 5-25 存貨看板

- 透過對整理後的資料進行建模分析與視覺化呈現，系統可以自動監控、辨識存在異常狀態的庫存物資，並用柱狀圖、圓形圖等圖表進行展示。同時，系統與微信整合，能夠自動更新動態，自動推送訊息。

如今，存貨預警系統已經在該企業內得到大範圍運用，庫存周轉天數從 45 天降到 18 天，庫存周轉率提高 130%，2019 年存貨相較去年下降 30%。

3. 價值流平台

為了降低運輸成本、最佳化資源設定、提高營運管理水準，該企業對單一品類別從原材料轉化為成品的過程進行資料分析，架設了價值流平台。舉例來說，物流部價值流平台的收貨整理報表就有著以下的作用：

- 各個區域負責人可查詢當天物料的收 / 發 / 管情況，並且利用資料分析合理安排工作，減少工作中人員、物料等待的時間，及時回饋和處理問題。現場流程如圖 5-26 所示。

圖 5-26 物流部價值流平台現場流程

- 對來料品質檢驗提供資料支援，同步推進從收貨到檢驗，再到入庫這個環節的整體節奏，進而提升效率。

5.4 醫療產業

醫療產業是關乎民生的重要產業，醫院、醫藥公司、醫療器材公司等都屬於醫療產業。BI 在醫療產業中的應用非常廣泛，在財務、人力等通用分析模組的基礎上，增加了很多針對患者和藥品的應用，例如護理管理、門診流程分析、病案白板、科室分析，醫藥企業的藥品流通管理、流向分析、藥品品質分析等。本節主要介紹醫院動態電子護理牌和藥品流通管理中的信用風險管理兩個應用。

5.4.1 醫院動態電子護理牌

儘管絕大多數醫院架設了完整的資訊系統，但是很多系統都有這樣的問題，即住院部護士無法在一個介面看到本科室病區病人的動態資訊，每次都需要逐一進系統查看，工作重複性較大，用時長，給護士們原本繁忙的工作增加了不少負擔。更具體地說，這個問題可以拆分為以下業務痛點：

- 護士站使用護理白板手工記錄資訊，容易遺漏和寫錯，做標記的地方也影響護理白板的美觀。
- 無病人動態護理情況總表，護理人員無法第一時間查看本科室所有病人的具體情況。
- 護士無法從系統頁面上直觀分辨出本科室的高危病人，而採用手工記錄的方式可能漏填資訊導致病人出現危險，會引起醫患糾紛。
- 護士無法直接查看科室所有病人對應的主治醫生，與醫生的溝通存在障礙，大大增加了臨床護理工作量。

因此，醫院需要在各種資訊系統之上，提供完整的電子護理資訊頁面，幫助住院部護士減少工作量，提高工作效率。

某醫院 IT 部門基於對業務的瞭解，借助 BI 工具自助開發了圖 5-27 所示的動態電子護理牌系統。該系統根據臨床各科室的需求進行個性化設計，從 HIS（醫院資訊系統）中抓取資料，分左右兩塊區域展示本科室病人和醫護人員資訊，左側展示病人總數、危重病人數等重要指標的整理資訊，以及每個醫生和護士負責的床位資訊；右側按照床位號展示病人的住院號、性別、年齡、主管醫生和護士等資訊。

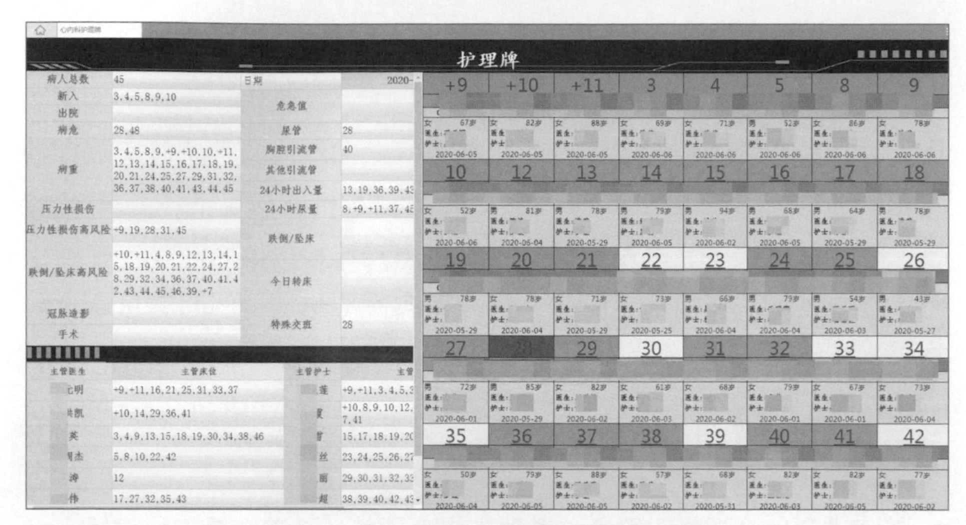

圖 5-27 動態電子護理牌系統範例

動態電子護理牌在總覽病人資訊的基礎上能夠鑽取各種資訊明細，包括病人的診斷資訊、醫囑、化驗檢查及影像檢查結果、病人的住院費用明細等。同時，該系統內的資料隨醫生的醫囑變化而更新，達到即時性的要求，保證醫生的醫囑能及時、準確地傳達給護理人員。

整體來說，臨床相關的護理資訊都能在動態護理牌中表現。點擊床位號即可獲取該病人更多的治療及護理相關資訊，方便醫護人員查看病人的治療情況，大大提高了醫護人員的工作效率，對病人的護理也更加及時、更有針對性，病人的滿意度進一步提升。該醫院醫護人員現在能從該系統中一目了然地查看本科室所有病人的資訊，並且介面上對危重病人用醒目的顏色標記，提示醫護人員對該病人加強護理，同時也實現了按床位找人，提高了醫生和護士之間的溝通效率。

5.4.2 醫藥企業信用風險管理

對醫藥企業來說，客戶的總量其實是很有限的，因此在競爭激烈的銷售環境中，賒銷是一種很重要的銷售方式。但就像借錢給別人一樣，這種方式存在很大風險，很可能給企業造成損失，所以在採用賒銷方式時，瞭解客戶的信用情況並管理信用風險，對醫藥企業來說非常重要。

然而，很多藥商在信用風險管理上都存在不少問題，主要表現在以下幾點：

- 信用風險管理涉及客戶資料、財務資料、人力資料，這些資料來自不同的業務系統以及 Excel 檔案，由於政策變動頻繁，這些系統經歷過大量延伸開發過程，導致資料來源混亂，難以用於信用風險分析。
- 由於授信管理的方式是子公司單獨授信，不同子公司對同一客戶的不同人員單獨授信會產生對同一客戶多次授信的情況，加大授信風險的管理難度；授信資金的回籠需要第一線業務人員不斷跟進客戶，如果無法清晰掌握不同組織的授信資金規模和回籠效率，對企業來說就沒有辦法預估風險，更不要說合理制定風險管理預案了。
- 雖然信用風險是企業需要關注的重要問題，但是子公司、部門以及銷售人員的績效考核與信用風險沒有連結，導致在企業各層級中都沒有明確的責任人控管信用風險，甚至有時會依靠高信用風險來提升業績。
- 當前的方式是風險管理員線下透過 Excel 分析資料，在月度會議上匯報，高層無法及時發現風險，而發現問題後不能有效追溯和處理，風險預警與風險處置脫節。

針對以上問題，某醫藥集團利用 BI 工具開發了信用風險管理系統，為風控副總經理、授信部門等提供追溯和分析授信資料的入口，提高資金周轉效率、減少資金逾期佔用帶來的風險和損失。

具體的解決流程如下：

（1）實施資料治理。建立客戶和組織架構的主資料，梳理授信、逾期等信用風險相關的資料口徑，透過清洗和建模形成信用風險管理模型，架設在標準口徑下便於信用風險管理的資料倉儲。

（2）重塑業務。集團建立法人客戶檔案、子公司建立業務客戶檔案，並且在兩個檔案之間建立一對多的映射關係；由集團統一對法人客戶進行授信管理，子公司與業務客戶的業務往來要依據法人客戶的授信政策執行。

（3）劃分責任。從集團到子公司，再到部門和業務員，加強信用風險管理教育訓練，將對信用風險的管理拆解到各層級的績效考核指標中，對風險單元提前預警、對風險造成的損失進行追責，形成信用風險責任與各層級人員的強連結。

（4）最佳化管理。開發如圖 5-28 所示的信用風險管理駕駛艙，整理信用風險各要素的指標，進行多維分析和預警，幫助風控副總經理及時發現信用風險；同時，提供資料追溯的入口，快速定位導致問題發生的主要環節，採取補救措施並追責。

該集團授信部門主管表示，信用風險管理系統實現了報表自動取數、統計分析和指標預警及追蹤等功能，為有效地進行風險管理提供了資料支持，為最佳化企業管理指出了方向，有力地支持了業務發展。

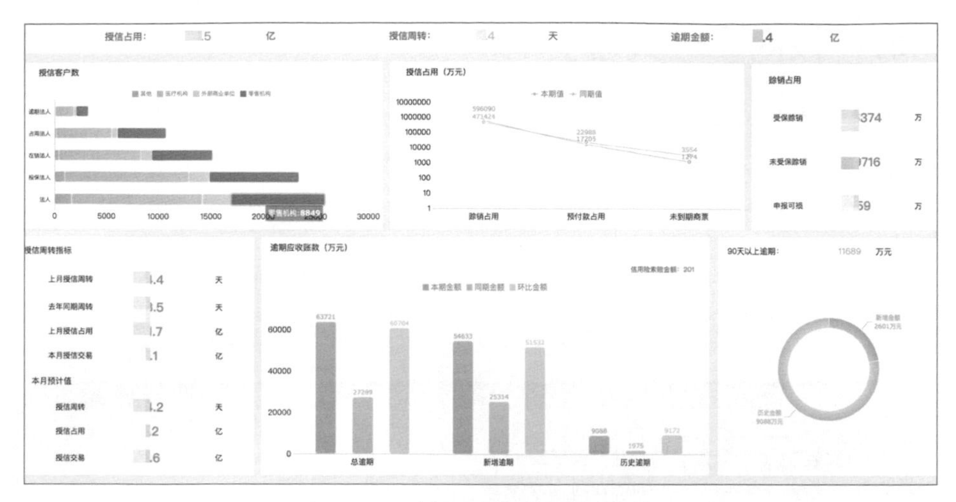

圖 5-28 信用風險管理駕駛艙

5.5 教育產業

大專院校青年學生在校期間的學習、生活、工作及心理等方面的狀態通常會透過行為表現出來，而行為會產生大量資料，將這些資料整理、清洗和採擷後，就可以用來刻畫學生的形象，這就是表現學生個體和群眾思想行為的「巨量資料」。這些「巨量資料」具有量大、多樣、複雜、客觀等特點，蘊含鮮活的時代特徵和豐富的教育價值。本節我們以校內「一表通」和資訊預警兩個代表性應用為例，介紹大專院校如何透過 BI 利用這些巨量資料輔助管理。

5.5.1 校內「一表通」

大專院校內人員集中，數量較多，對教職工和學生的檔案管理是一大挑戰。校內系統眾多，對於各種檔案資料，以往師生需要多頭上報、多次填報，費時費力。為了避免這種問題，某大專院校利用 BI 工具建設了「一表通」專案，實現一表有數、全表通用，說明文件管理人員做好學校的資料檔案管理工作。

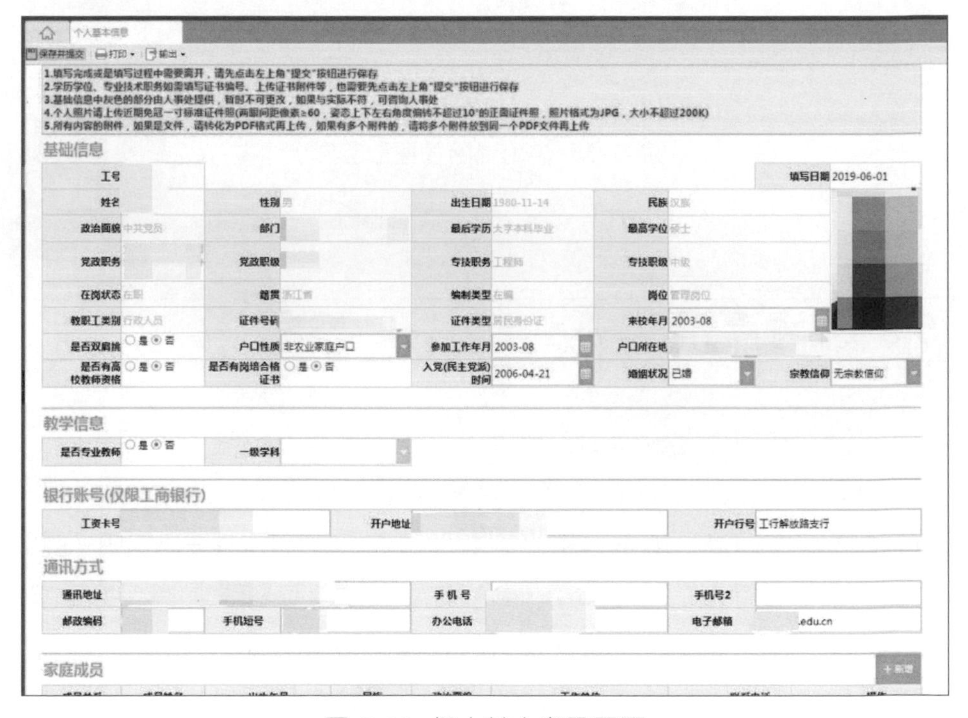

圖 5-29 個人基本資訊頁面

該校的檔案資料主要有兩種：一種是校內各業務系統已擷取的資料，可以直接同步到 BI 平台進行查詢；另一種是未收集的資料，可透過 BI 工具開發應用，由個人或相關負責人填報或匯入。以個人檔案資料為例，其中由人事、科學研究、財務等業務系統擷取過的資料，整合到 BI 平台後，在填報表上設定為灰色，不可更改；需要另外擷取的資料，在填報表上設定為可填 / 可改。BI 平台上的個人基本資訊頁面如圖 5-29 所示。

一旦在 BI 平台上補充完善個人資訊後，對於教職工的年度考核表、職位申請表、職稱申報表，學生的三好學生申請表、獎學金申請表等資訊統計表單，如果該欄位在其他系統中有資料，則無須重複填寫，表單會自動填充，從而簡化填表操作，提高資料利用價值，也為師生們節省了時間。

這個「一表通」專案使得該大專院校教師上報資料的速度加快不少，減少了資料反覆填報的問題。利用「一表通」建立資料檔案後，很多表格，特別是年度考核表、教師職稱表等需要連結多個資料來源業務資料的表格，都可以在統計表單中自動生成。

5.5.2 資訊預警

大專院校的主體是學生和教職工，既要關注學生的學業和生活狀況，還要關注教職工的管理問題。面對龐大的學生數量和繁雜的教職工管理工作，資訊預警應用能夠幫助管理者及時發現問題，積極應對。具體而言，資訊預警可以分為學生資訊預警和管理資訊預警兩個部分。

1. 學生資訊預警

學生資訊預警涉及多方面的資訊，能夠幫助教師、輔導員照顧到學生個性，處理突發問題。某大專院校在 BI 系統中開發了「一卡通消費預警」和「學生失聯預警」模組。如圖 5-30 所示，「一卡通消費預警」可針對指定時間段學生一卡通日均餐費平均值和消費天數判斷是否存在異常，有助確定學生家庭是否真正有困難，發現非困難生中消費水準明顯偏低的學生，做到定向資助、精準資助。輔導員可根據預警資訊及時找學生談心，瞭解情況，讓學生切實感受到學校對自己的關心。

97% 23:02

一卡通消费异常模型

特别困难	记录数: 67	总额均值	223.32	日均值	13.37	天数均值	15.70
学号	姓名	学院	总额	天数	均值	超出均值	异常
2014329600008	吴柳苗	信息学院	56.2	6	9.37	-4.01	
2014329600012	郭春福	信息学院	0		NULL	NULL	
2014329600031	高二芳	信息学院	237.8	22	10.81	-2.56	
2014329600043	邓小翔	信息学院	395.3	25	15.81	2.44	
2014329600050	王涛	信息学院	145.2	11	13.20	-0.17	
2014329600051	吴乐	信息学院	103.7	16	6.48	-6.89	消费偏低
2014329600060	陈亚华	信息学院	149.6	14	10.69	-2.69	
2014329600069	陈志勇	信息学院	438.9	24	18.29	4.92	
2014329600076	沈力	信息学院	149	10	14.90	1.53	
2014329600077	苏布艾提·艾克特然木	信息学院	0		NULL	NULL	
2014329600087	章腾辉	信息学院	26	2	13.00	-0.37	
2014329600092	王卓英	信息学院	296.1	23	12.87	-0.50	
2014329600118	郭婕	信息学院	47.5	4	11.88	-1.50	
2014329600123	詹秀兰	信息学院	197.7	18	10.98	-2.39	
2014329600201	钟芳泉	信息学院	105.9	7	15.13	1.76	
2014329620030	喻中山	信息学院	232	14	16.57	3.20	
2014329620033	张闪	信息学院	29.2	3	9.73	-3.64	

圖 5-30「一卡通消費預警」模組的頁面

「學生失聯預警」模組（參見圖 5-31）可以透過巨量資料自動計算學生過去 30 天或指定時間段內在校的上網記錄、「一卡通」消費記錄、圖書借閱記錄、出入軌跡記錄等，發出學生失聯預警，判定學生狀態是否存在異常。尤其是特別注意各項記錄一直正常而突然出現異常的學生，輔導員找準時機與之面談，以便及時發現學生存在的問題。

此外，該大專院校還開發了「網路成癮預警」、「學業預警」、「休學 / 退學學生資訊審查」等模組。透過「課堂考勤」、「學生失聯預警」等模組，該大專院校一年中累計發現 4 起重度抑鬱案例，還發現 10 多起學生學業問題案例，對於案例中的學生，學校及時提供了幫助，避免發生意外。

失联预警

首页 上一页 1 /2 下一页 末页 打印 输出 邮件

学院: 信息学院 年级: 2016 学号: 姓名:

在校情况异动排查比对【一卡通30天内无任何消费记录】

学号	姓名	学院	年级	学籍异动	上网记录	消费记录	异动情况
2016339900[illegible]	丛[illegible]	信息学院	2016		无	无	可疑
2016329600[illegible]	[illegible]浩	信息学院	2016	保留学籍	无	无	
2016329600[illegible]	[illegible]飞	信息学院	2016		无	无	可疑
2016329621[illegible]	[illegible]达	信息学院	2016		无	无	可疑
2016329600[illegible]	[illegible]峰	信息学院	2016	休学		无	
2016329600[illegible]	[illegible]东	信息学院	2016			无	
2016329600[illegible]	[illegible]浩	信息学院	2016	保留学籍	无	无	
2016329621[illegible]	[illegible]	信息学院	2016	休学	无	无	

1、一卡通在30天内无任何消费记录；2、2018年4月15日以后无任何上网记录；3、可疑情况仅作参考，可作为学生谈心谈话观测点。

圖 5-31「學生失聯預警」模組的頁面

2. 管理資訊預警

某大專院校原來線上下發佈和報送督辦業務，設定專人提醒各教職工完成資料的填報、統計與整理、提交主管審稿等工作，不但費時費力、效率低，而且資訊缺漏問題頻發。BI 系統上線後，該大專院校在 OA 系統中建立督辦流程，並在 BI 系統中將 OA 系統的督辦資料與公文資料整合，開發了「督辦預警」模組，擷取督辦資訊，事項到期前自動提醒，無須再設定專人負責這項工作。

有了「督辦預警」模組，該大專院校年均 3000 個檔案督辦和 600 個事項督辦的執行進度一目了然，督辦事項按時提報率達 99%，完成率也提高到 90% 以上。

本章以零售、金融、製造、醫療和教育等 5 個產業為例，介紹了 BI 在產業中的典型應用。這些業務場景的 BI 解決方案各不相同，但是背後的核心思想卻是一樣的，即從產業資料涉及的主體（人、物、事等要素）出發，抓住痛點，將 BI 引入某個或整個資料流程，分析並解決問題。下一章我們從 BI 專案的關鍵支撐——專案人員的角度入手，介紹企業資料人才的培養。

Chapter

06

企業資料人才培養

• 本章摘要 •

在企業的組織結構中，資料人才一般會以資料團隊的形式歸屬於 IT 部門，負責 IT 基礎設施建設、數位化轉型、資料管理以及資料分析等工作。當然，有些特別重視資料人才的企業會單獨設立資料部門。對 BI 專案來說，資料人才非常重要，如果沒有優秀的資料人才和團隊做支撐，前面章節所提到的策略和方法是難以被有效執行的。有調研資料顯示，企業要想進一步增加 BI 專案產出的價值，「資料人才的培養」是最大的挑戰（見圖 6-1）。本章將重點探討企業資料人才的現狀和培養方法。

公司重視程度或預算投入
衡量資料分析的價值產出
資料的整合與治理
專案風險的控制 資料人才的培養
與管理層及業務部門的配合
IT 部門自身的能力提升
資料分析工具的選擇

資料來源：帆軟資料應用研究院《2019企業資料生產力調研報告》

圖 6-1 企業要擴大 BI 專案產出的價值所面臨的挑戰

6.1 企業的資料人才困境

越來越多的企業開始把資料人才作為企業經營戰略版圖的核心組成部分，集中表現在企業願意花高薪聘請資料人才，資料相關從業人員的整體薪資水準也在不斷攀升。無論是職務聽起來「高大上」的資料科學家，還是資深資料分析師，或普通的資料產品經理，在市場中都供不應求。本節就來仔細分析一下企業面臨的資料人才匱乏問題。

6.1.1 需求與供給的不平衡

前面章節提到，資料已成為企業的關鍵生產要素，因此資料人才也「水漲船高」，成為企業應對市場競爭和持續發展的首要資源。一方面，近十年網際網路企業高速發展，產生了很多新職位，不斷吸納各種人才，資料人才就是其中之一。網際網路企業做的就是流量生意，自然地需要運用資料，從中採擷價值，可以説網際網路企業的基因中就帶有資料依賴，因此對資料人才的需求十分旺盛。LinkedIn《2016 年網際網路最熱職務人才庫報告》顯示，各種職位中以資料分析師最為緊缺，明顯呈供不應求的狀態，如圖 6-2 所示。此外，巨量資料、AI、BI 等技術的迅速發展也讓巨量資料工程師、BI 工程師等資料職位得以出現並受到市場熱捧，再次擴大了網際網路企業的人才需求。

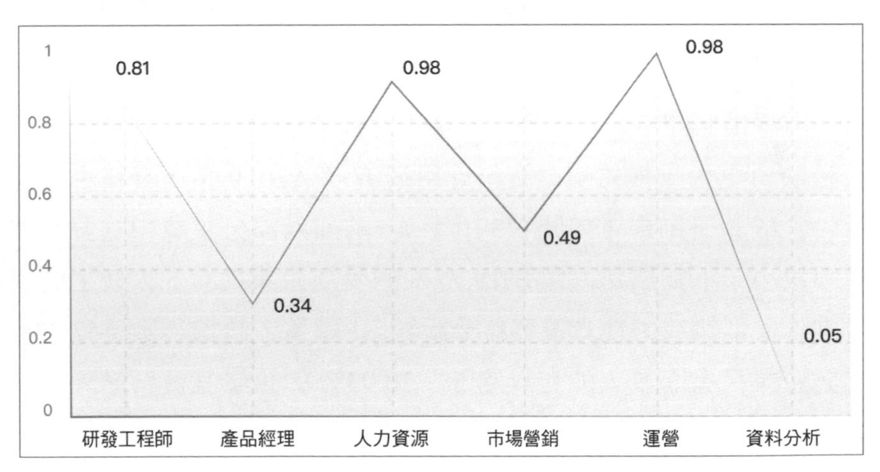

圖 6-2 網際網路最熱職務人才供給指數

（人才供給指數大於 1，表示職位人才供過於求；小於 1 則表示職位人才供不應求）

另一方面，數位經濟時代，傳統企業曾經的商業模式和營運模式不再適用，數位化轉型勢在必行。而數位化轉型的關鍵在於透過資料驅動企業決策和營運，因此，資料人才也成為傳統企業推崇的關鍵資源。

企業對資料人才的需求數量大，對人才素質要求也高。企業渴求的並不是普通的資料人才，而是精技術、懂業務、懂營運的高品質 T 型人才。其中精技術和懂業務是基礎，拿 BI 專案來說，資料人才必須熟練掌握 BI 工具、資料分析工具，並且不僅能根據需求開發出滿足業務場景的應用，還要能瞭解業務，從業務角度啟動需求並規劃場景應用；懂營運是進階，資料人才要具備良好的溝通、協調、專案管理、營運、推廣等能力才能保障專案的有效推進。當資料團隊較小時，T 型人才能夠面面俱到，保證資料類別專案的進度和品質不受影響；當資料團隊較大時，T 型人才因其各方面能力較為均衡，能夠隨時作為替補隊員上場，有效應對各種突發狀況。

然而，市場供給卻不盡如人意，不僅人才總數的缺口大，符合要求的人才數量缺口更大。根據帆軟資料應用研究院《2019 企業資料生產力調研報告》的調研結果（如圖 6-3 所示），當前大部分企業中的資料團隊規模都較小，不夠成熟。僅有 19.77% 的受訪企業擁有 5 人以上的成熟資料團隊，能夠有力地支撐資料分析和 BI 專案，超過半數（52.33%）的受訪企業只有 3~5 人的資料團隊，20.93% 的企業其資料團隊人數不超過 2 人，甚至有近 7% 的企業沒有專門的資料團隊，採用的是個別員工兼職的方式。由此可見企業多麼缺資料人才，而數量都無法滿足需求，就更不要說品質了。

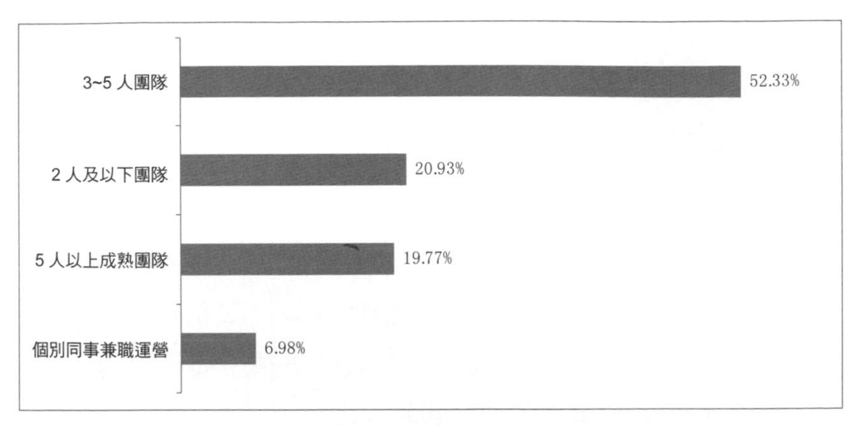

圖 6-3 企業資料團隊的規模

6.1.2 應徵與培養的矛盾

企業要配備足夠數量和品質的資料人才，有應徵與培養兩條路可走，但是這兩條路都不容易。一般來說，應徵是企業快速找到人才的方法，但是由於整個市場供應不足，要招到合適的資料人才比較難。對傳統企業來說，形勢更不樂觀，原因有以下兩點：

- 相對於網際網路企業動輒高出傳統企業幾倍的薪資標準，傳統企業所提供的薪資水準對於資料人才缺乏吸引力，導致大量優秀的資料人才聚集在網際網路企業，跳槽到傳統企業的並不多。
- 傳統企業由於業務複雜，接受資料文化的過程比網際網路企業要漫長，不如網際網路企業靈活，接納新技術快，而且創新環境不足，推動資料專案建設的阻力較大。對部分求職者來說，創新環境的缺失直接導致資料工作在傳統企業的價值不夠大，沒什麼發展空間，在他們看來去傳統企業也變成了一種次要選擇。

此外，企業無法預知資料人才和業務團隊甚至是企業能否產生良好的「化學反應」，應徵效果面臨很多不確定性。有些企業用高薪招來的資料人才，雖然具有不錯的背景和履歷，但是入職後卻「水土不服」，不能產生預期的貢獻。

也有不少企業選擇在內部培養資料人才。然而資料人才的能力更多地表現在思維層面，而思維方式的養成和轉變需要較長時間，因此培養資料人才是一件成本高、週期長、難度大的事情。如果沒有完整的方法作為指導，也很難培養出需要的資料人才。

具體來説，缺乏業務知識是企業資料人才的主要缺陷。從圖 6-4 所示的調研資料來看，參與調研的企業其資料團隊的成員都具備基本的應用程式開發能力；超過半數（51.16%）的企業表示其團隊成員有一定的開發經驗，正常的報表開發不成問題；26.74% 的企業認為其團隊成員具備從資料底層建設到前端視覺化分析的能力。但是擁有既懂業務又懂技術的高手的企業並不多，佔比僅為 9.3%。

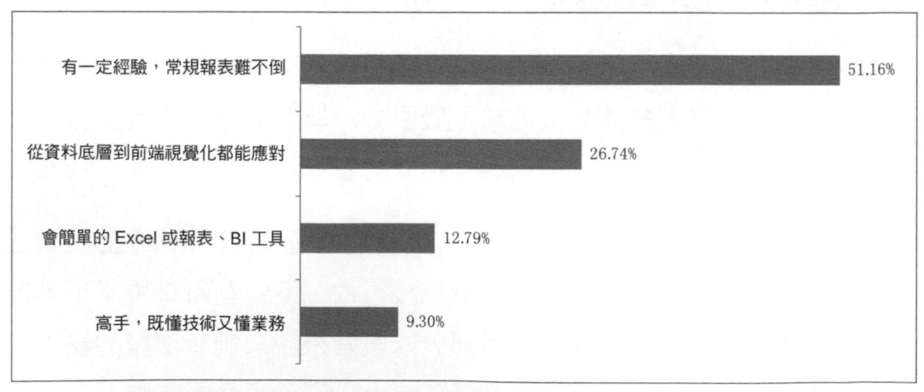

資料來源：帆軟資料應用研究院《2019企業資料生產力調研報告》

圖 6-4 資料團隊成員的開發能力

針對資料團隊成員能力缺陷的分析結果也驗證了這一點。如圖 6-5 所示，有 41.86% 的被調研企業認為，資料團隊成員的最大缺陷在於架設企業各業務模組分析系統的能力。

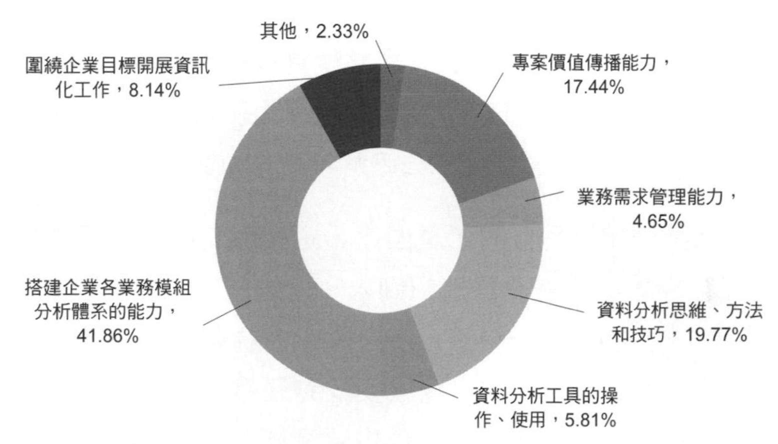

資料來源：帆軟資料應用研究院《2019企業資料生產力調研報告》

圖 6-5 資料團隊成員的能力缺陷

前面提到資料團隊一般歸屬於 IT 部門，帶有 IT 屬性，從 IT 人員的特徵、IT 部門的定位上尋找原因，資料團隊業務能力不足的現狀也就不難瞭解了。

IT 人員多是理工科出身，能鑽研技術，但不擅長溝通、協調、營運、策劃等非技術性任務。而且，很多傳統企業對 IT 人員的定位和應徵要求較低，能做運行維護工作即可，並沒有指望他們去做多大的創新或主動做事情。這內外兩方面的原因導致 IT 人員往往只會埋頭搞技術，很少會花時間嘗試瞭解業務。簡而言之，就是 IT 人員既不願意花時間也不擅長學習業務知識。

從部門層面來說，IT 部門的定位也使得 IT 人員沒有時間和沒有氛圍去學習業務知識。IT 部門負責整個企業的資訊化建設，交易繁多，很多 BI 專案成員需要兼做其他 IT 系統的開發及運行維護工作，可以說加班加點是家常便飯，根本沒有時間和精力去學習業務知識。有些企業的 IT 部門過度依賴 BI 廠商，只要有需求就直接提給廠商，不注重自身能力的培養。在企業內部，IT 部門與業務部門的連結也不夠緊密，IT 部門更多時候只是回應需求，而非去瞭解業務、啟動需求。

那麼，在應徵難和培養難的矛盾面前，企業應當如何選擇？筆者的建議是「招不如養」。多花點錢能招到人，但是內部培養機制卻不是花錢就能解決的。不解決這一問題，企業的人才梯隊仍然會面臨斷檔的情況，人才儲備始終缺乏活力。而只要找到正確的方式，企業會發現其實培養自己的資料人才並沒有想像中那麼難。如何架設資料人才培養系統？筆者總結為明確企業需求、規劃成長路徑、強化教育訓練效果和縮短培養週期等 4 點，也是 6.2 節要介紹的內容。

6.2 架設資料人才培養系統

企業培養資料人才的重要原則就是合適，即培養出來的資料人才要滿足企業的實際工作需要，否則和從外面招來的「水土不服」的情況無異。因此，在架設資料人才培養系統時，不光要注重培養能力，還要明確企業的需求和規劃成長路徑，並且利用一切可以利用的資源來降低培養成本和縮短培養週期。

6.2.1 對症下藥，明確企業需求

與建設 BI 專案一樣，企業在架設資料人才培養系統之前，也需要對自身資料工作現狀進行診斷，搞清楚有哪些資料職位，對資料人才有哪些需求（即應具備何種能力），以及目前資料團隊急需增強哪方面的能力。因為在應用資料的不同階段，企業對於 IT、人才、資金等資源的需求不盡相同，更重要的是所感受到的資料價值和影響力差別顯著，所以資料團隊的負責人第一步就需要清晰地定位企業當前對資料的應用處於哪一階段，然後基於這一定位給企業帶來價值，增強主管對投入資源的信心。

對於如何確定企業應用資料的現狀，圖 6-6 列出了一個可行的方式，將企業對資料應用的成熟度分為 4 個階段，可以從對資料的應用深度、所用的工具、資料文化氣氛及資料團隊概況等角度看出各階段的差異和特點。

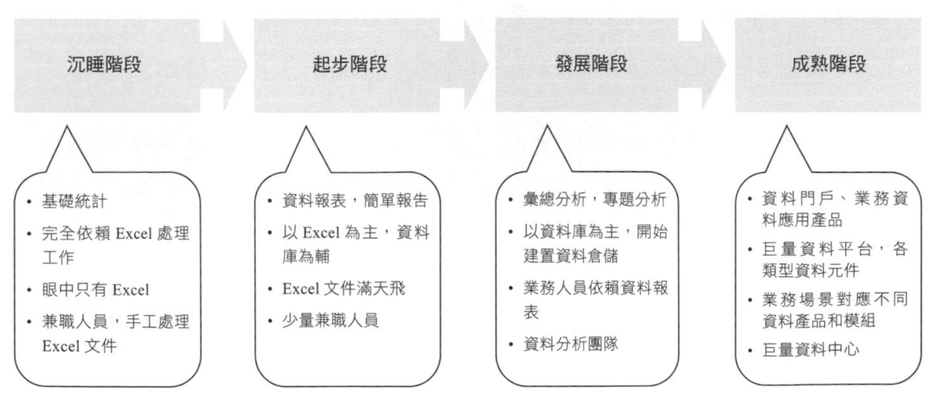

圖 6-6 企業資料應用成熟度的 4 個階段

- 沉睡階段：在這個階段，對資料基本是用 Excel 做一些簡單的統計和整理。企業基本沒有資料文化，對資料的應用就是使用 Excel 做表，做資料分析的基本都是兼職人員。

- 起步階段：這時已經開始用資料報表做報告，因此企業內 Excel 檔案滿天飛，資料應用工具還是以 Excel 為主、資料庫為輔，但是企業內部有少量的專職人員來維護資料庫。

- 發展階段：企業對資料的應用逐步深入，開始對不同業務專題、整理和明細資料進行分析。企業內資料文化有很大發展，形成用資料說話，用資料指導工作的氣氛。使用的工具也變成以資料庫、專業的分析工具為主，並且嘗試了資料倉儲，另外還有專業的資料分析團隊負責資料工作。

- 成熟階段：已經有企業級數據門戶，累積了不少與業務場景對應的資料產品，而且這些資料產品或服務已是業務營運的核心組成部分。這個階段，企業採用的資料工具往往是巨量資料平台或各種成熟的資料元件，此時管理資料營運的是企業的一級機構，即巨量資料中心。

企業對自身資料應用現狀有清晰的認識後，也就知道需要什麼樣資料人才了，據此制訂的培養計畫，既符合企業的需要，也能充分發揮資料人才的價值。需要注意的是，人才培養工作也要抓主要矛盾，「抓痛點而非癢點」的原則同樣適用。企業在制訂培養計畫時，需要規劃好成長路徑，弄清楚資料人才最需要培養的能力。

6.2.2 因材施教，規劃成長路徑

企業中的資料職位有很多，可以有很多不同的發展方向。圖 6-7 展示了資料人才職業發展的一些可能路徑，比如業務資料分析師和資料採擷工程師既可以選擇沿著首席科學家的路徑發展，也可以在成為部門資料專家後進入管理通道，成為進階管理者。

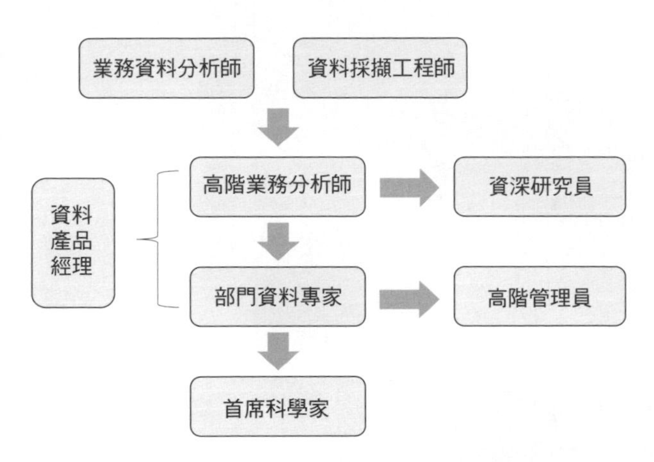

圖 6-7 資料人才職業發展方向（部分）

架設資料人才培養系統時，根據能力和個性因材施教，針對不同的發展方在規劃職業通道和成長路徑是很有必要的。這樣做的好處有兩點。一是讓資料人才在考慮進入企業的第一刻，就能比較清晰地瞭解晉升的標準與通路，知道有哪些發展機會，例如除晉升外，還有各種調職、輪換的機會。企業提供施展能力的舞台越大、上升空間越多，越能增加對資料人才的吸引力，並且能加大對於優秀資料人才的挽留力度。二是在培養人才時能夠更有針對性地設計知識系統，提升資料人才的能力。

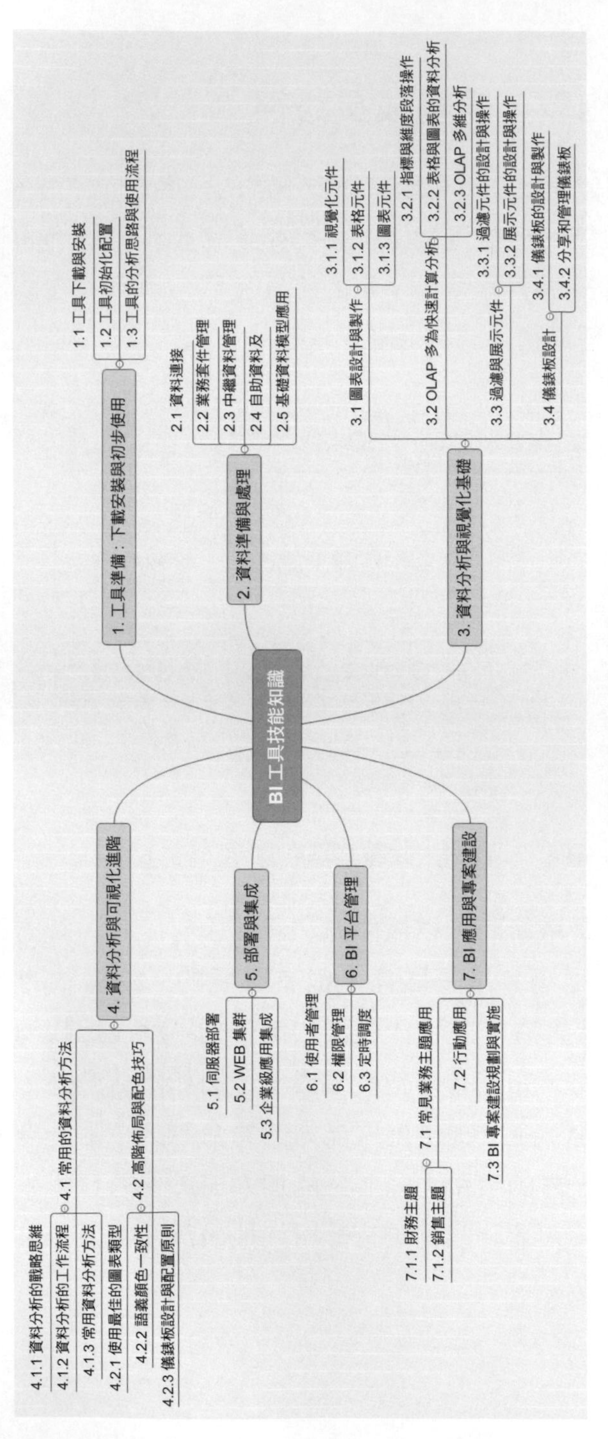

圖 6-8 BI 工具技能知識參考大綱

以 BI 工程師為例，需要具備兩方面的知識：工具和營運。工具知識很好瞭解，都説好的工具有事半功倍的效果，但是前提是能熟練掌握並使用。BI 工具的知識系統圍繞資料流程展開，從原始資料到最終的視覺化儀表板，一般涵蓋資料準備、資料加工、資料分析與視覺化及系統管理等 4 個模組。圖 6-8 中列出了一份具體的 BI 工具知識大綱，供讀者參考，當然企業也可以根據自身人才培養情況和需求對大綱進行針對性的調整。

要掌握 BI 工具知識，有多種方式和通路，例如自由探索、官方文件、免費教學視訊、社區問答、付費類別課程等。這些方式各有優劣，例如付費類別課程，缺點是需要花錢，優點是課程內容會更加全面、成系統，同時也能夠督促學員認真學習。

對於資料營運知識，相信很多讀者看到這裡會有「資料營運是什麼」的疑問。營運是一種干預手段，類比使用者營運、新媒體營運等營運場景，資料營運就是為了用資料解決問題、發揮資料價值所採取的各種干預活動，不僅分析資料，還要將分析的結果用起來。資料營運知識系統如圖 6-9 所示，不僅涵蓋資料處理、資料分析與採擷、資料視覺化等基礎知識，還包括建立流程、應用資料、釋放價值等方面的知識。

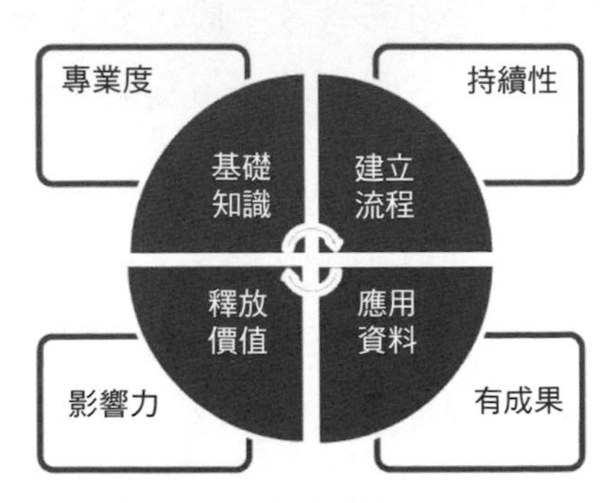

圖 6-9 資料營運知識系統

基礎知識表現資料人才的專業度，是必須具備的知識，包括以下幾種：

- 企業資料文化建設的相關知識：例如資料體驗、資料倉儲、資料架構、資料視覺化等。
- 資料職位的相關知識：例如資料分析師、報表工程師、BI 工程師等職位都有各自對應的基礎知識系統。
- 統計學知識：資料分析人人可做，但是沒有紮實的統計學基礎卻寸步難行。

掌握建立流程的知識能夠幫助資料工作者延續資料價值，表現價值的持續性。建立流程之所以重要，是因為資訊化水準、資訊化投入不同的企業，資料人才的工作流程也有很大差異。此外，資料專家的工作流程和業務專家的工作流程如何匹配以提高工作效率，也是企業需要持續思考的問題。

對資料的應用能力是資料人才產出工作成果的關鍵一環。資料人才不能只懂理論不懂應用，尤其是指標系統、業務分析系統、企業管理模型等典型的應用。

釋放價值是擴巨量資料影響力的有效手段，有很多實用的技巧能夠幫助資料人才表現資料的價值。例如做好資料報告、用好視覺化圖表、建設可量化的資料監控系統等。

筆者整理了一份資料營運知識大綱（參見圖 6-10），需要注意的是，本書中提到的很多 BI 專案營運技巧並沒有放入其中，這份大綱僅供參考，企業可以根據自身情況進行調整。

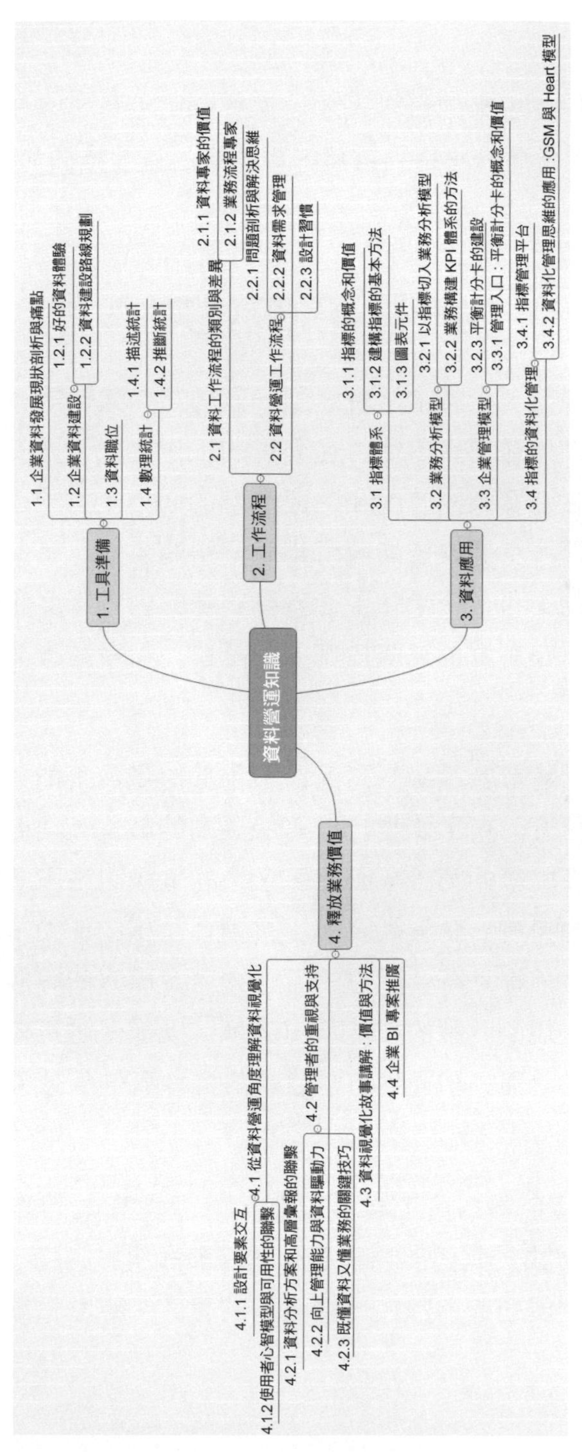

圖 6-10 資料營運知識大綱

整體來說，企業培養出來的資料人才，應該會用工具、懂技術，能建立一套規範的流程並將其應用到具體的專案中，還會推廣 BI 專案，擴大其影響力。

6.2.3 職級牽引，強化教育訓練效果

規劃技能教育訓練時，企業常常會遇到一個問題：如何讓資料人才願意接受這些教育訓練並認真對待？在繁重的工作之外，再安排無意義的教育訓練就是在浪費人的時間和消磨他們的心力。對於這個問題，解決方法非常簡單，就是讓技能教育訓練變得有意義、有價值，得到教育訓練參與者的認可。企業除了從教育訓練的內容深度和價值上多花功夫外，還可以在制度上採取措施，即基於「職級認證」來規劃技能教育訓練的內容。

幾乎每一家企業都會設計職級認證系統，用於衡量員工能力、調整職位和規範員工的晉升。員工要想走上等級更高的職位，獲得更高的薪酬，必須透過更高職級的認證。因此，企業的職級認證系統完全可以和資料人才的能力掛鉤，企業需要員工具備什麼樣的能力，就設計相匹配的認證，當然前提是符合職位的工作內容及職級的等級。在職級認證系統的基礎上規劃對應的技能教育訓練，既能保證不偏離培養方向，又能提高員工參與的積極性，並且最終的教育訓練效果還能在平時的工作得到回饋。

舉例來說，某軟體企業為員工成長規劃了管理與專業兩條發展通道（如圖 6-11 所示），由於其內部為扁平化的矩陣式組織架構，因此著重建設與打通專業發展通道，旨在培養更多的專才、專家。該企業資料

團隊還將資料人才的培養與職級認證打通，以職級為牽引，並根據員工入職時間分別設立「雛鷹訓練營」、「鯤鵬訓練營」等針對性教育訓練小組，按照職級要求每個月定期開展不同的技能教育訓練。這樣做的結果就是新員工入職後，職級不斷提高，能力也不斷提升，從「雛鷹」逐步成長為「鯤鵬」，再邁向企業中更高的層級。整個人才系統十分有活力，人才配比合理，既有高層次的 T 型人才，也有儲備梯隊，不論是何種資料專案，都能輕鬆組成專案團隊從容應對。

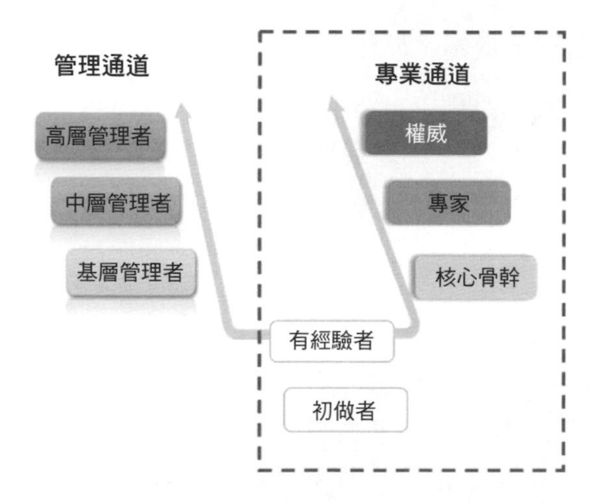

圖 6-11 某軟體企業員工職業發展通道

6.2.4 外部借力，縮短培養週期

在培養資料人才時，企業不能陷入只靠自己的誤區，還可以借助外部的力量。很多廠商都提供 BI 技能教育訓練服務，例如帆軟就在國內各個城市不定期舉辦「城市課堂」和線上系列教育訓練直播，還開設一些專門的教育訓練班，實施專案時也會有專門的技術團隊負責客戶的

教育訓練事宜。從帆軟客戶的回饋來看，這些技能教育訓練確實幫助了其資料團隊人員快速掌握工具的使用，並且提供的參考實例也充分運用了業務思維和資料分析方法，對資料團隊的營運能力有不小的提升。

不過需要注意的是，教育訓練一定要實現閉環。安排員工參加教育訓練的目的是幫助其掌握技術、提升能力，不能讓其帶著完成上級任務的心態去教育訓練。企業可以考試及格或技能比試等方式來完成閉環，觸發資料團隊成員的求勝欲和成就感，讓他們學有所用和學以致用。

此外，設計一些激勵機制，鼓勵員工參與外部資格認證和相關技能認證考試，也是利用外部力量培養人才的不錯方式。舉例來說，不少帆軟的客戶企業會要求資料團隊成員獲取 FCRP、FCBP 等技能認證，並納入職級認證要求，以此激勵資料團隊提升專業能力。值得一提的是，還有不少企業將 FCRP 和 FCBP 認證直接作為應徵的要求，既降低所招的人在企業內「水土不服」的風險，也省去了很多後續的培養成本。

資料人才是 BI 專案落實的關鍵支撐，更是企業數位化轉型的利器，對企業非常重要。本章分析了企業面臨的資料人才困境，在「招不如養」的情況下，進一步列出了架設資料人才培養系統的方法，為企業培養合適的資料人才提供幫助與指導。

Appendix

A

結語：向 DA 生態系統邁進

BI 專案的成功，不僅取決於選擇的 BI 工具，還取決於企業的文化氛圍、管理制度、IT 部門與業務部門的溝通及配合等因素，即企業 BI 平台 / 系統所產出的價值與企業內部環境、人、資訊化平台都緊密相關。所有這些因素組成一個系統，就如同大自然中的生態系統一樣，是一個統一的整體。我們完全可以換一個角度，以生態思維來看 BI 專案。在自然界，生態系統的形成表示整個系統是健康的、可持續運行與發展的，而這也是企業 BI 專案所追求的目標。因此，筆者認為，BI 專案的未來是在企業內形成 DA 生態系統（Data Analysis Ecosystem），即資料分析生態系統，能持續產出價值，無須過度維護和營運。

這裡所說的企業 DA 生態系統，核心是 BI 平台，圍繞 BI 平台，企業的制度與文化、部門間的協調與溝通、流程的配合、人員技術能力等影響資料產出價值的關鍵因素，組成一個不可分割的、有序連結的、充滿生機的整體，如圖 A-1 所示。建置這種緊密結合的有機整體，方能有效、可持續地產出資料價值。

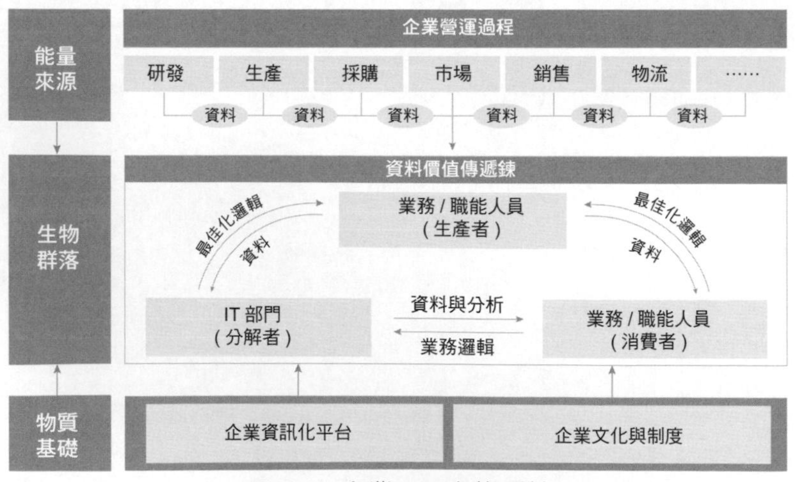

圖 A-1 企業 DA 生態系統

DA 生態系統具備三大特徵，即整體統一、豐富多樣和動態平衡。

❑ 整體統一

要在企業中形成 DA 生態系統，需要更廣泛的營運配合和技術探索，其核心是建置一個利益共同體，即做到企業戰略目標與 IT 部門目標統一、業務部門與 IT 部門目標統一、資訊化現狀與未來規劃統一。人心齊泰山移，這也是前文不斷強調的 BI 專案成功要點。

為促進整體統一，IT 部門一定要弄清楚企業的需求以及資訊化現狀，用發展的眼光看待業務系統、資料分析平台的建設，做好穩步推進的規劃，確保兩個基本匹配。一是技術與業務需求匹配。落後過時的技術會讓自身工作陷入被動，導致年年上系統，年年都滿足不了業務需求；過於先進的技術，則難以落實，或無法發揮作用，白白造成巨大的沉沒成本。二是要確保技術需求與人才儲備相匹配，做好人才的「選、用、留」工作。在確保兩個基本方面，IT 部門既不能大手大腳，也不能畏首畏尾；既要抬頭看天，也要低頭看路，需要應用雙模 IT 建設的思想和方法，沿著 BI 專案建設路線圖穩步前行。

❑ 豐富多樣

DA 生態系統要針對不同的角色，無論是 IT 部門、業務部門還是管理層，都能從 BI 平台中各取所需，進行查詢、分析、管理和做決策。舉例來說，IT 部門需要透過 BI 平台快速回應業務需求，做好資料支撐，同時為自己減負，以便做更多有價值的探索；業務部門需要 BI 平台提供靈活的視覺化分析架構來發現業務問題，不斷將業務經驗和資料分析相結合，增加業務的價值；管理層需要 BI 平台提供及時、準確的資訊來輔助決策，推動企業的資訊透明化和資料化管理，將生產經營任務拆分到各層級，提高公司戰鬥力，增加企業競爭力和利潤。

資料分析不分時間和空間，無處不在，無時不在。所以，DA 生態系統也要針對不同的環境，這裡包括我們工作時所處的物理環境，也包括工作流程中的任務環境。物理環境分為辦公室（PC 端）、會議室（大螢幕）和出差在外（行動端），後兩種場景在第 4 章中已詳細介紹。BI 平台要同時滿足這些硬體終端的視覺化展現需求。任務環境分為業務過程、績效監控、經營分析會議，BI 平台要提供資料查詢與展現、指標監控、預警、訊息推送等功能。

❑ 動態平衡

DA 生態系統能保持動態平衡。任何穩定的系統，都是穩固的，都有自己的保護機制。DA 生態系統的保護機制便是系統的運行機制：企業管理和資料價值傳遞鏈。有營運規則的約束，DA 生態系統可以應對一定程度的衝擊，例如 IT 人員的短暫缺位不會造成嚴重影響，面對新需求、新挑戰有臨時的應對辦法。DA 生態系統的穩固性則表現在可以移植，在其他企業中是可以複製的。

DA 生態系統應該是長期可持續發展的，因此是可以進化的，透過不斷升級最佳化，產出更多資料價值。比如，對 BI 平台透過 PDCA 閉環最佳化，整合功能，推陳出新；對當前資料分析報表進行提煉、歸納與合併，淘汰落後、陳舊的報表和分析方法，主動引入、吸收新思想、新方法。

筆者大膽設想，DA 生態系統是 BI 專案的終極目標，是必然趨勢，是我們 BI 從業者努力的方向。但是每家企業的情況不一樣，必須運用辯證思維，分清主次和難易，然後有步驟地改進，先做好 BI 專案，再向 DA 生態系統邁進。